因为失败 更懂成功

YINWEI SHIBAI
GENGDONG XIENGGONG

晓嫒 编著

失败带给我的经验与收获，
在于我已经知道这样做不会成功的证明，
下一次我可以避免同样的错误了。
——爱迪生

煤炭工业出版社
·北京·

图书在版编目（CIP）数据

因为失败，更懂成功/晓嫒编著. - - 北京：煤炭
工业出版社，2018（2022.1 重印）

ISBN 978 - 7 - 5020 - 6473 - 0

Ⅰ.①因… Ⅱ.①晓… Ⅲ.①成功心理—通俗读物
Ⅳ.①B848.4 - 49

中国版本图书馆 CIP 数据核字（2018）第 017572 号

因为失败　更懂成功

编　　著	晓　嫒
责任编辑	马明仁
编　　辑	郭浩亮
封面设计	浩　天

出版发行　煤炭工业出版社（北京市朝阳区芍药居 35 号　100029）
电　　话　010 - 84657898（总编室）
　　　　　010 - 64018321（发行部）　010 - 84657880（读者服务部）
电子信箱　cciph612@ 126. com
网　　址　www. cciph. com. cn
印　　刷　三河市众誉天成印务有限公司
经　　销　全国新华书店

开　　本　880mm×1230mm$^1/_{32}$　印张　$7^1/_2$　字数　150 千字
版　　次　2018 年 1 月第 1 版　2022 年 1 月第 4 次印刷
社内编号　9353　　　　　　定价　38.80 元

前　言

在人生的路上，我们始终要明白：不经历风雨无法见彩虹！我们要勇敢地踢开阻碍我们前进的绊脚石，而不是抱怨和彷徨，要知道我们的命运掌握在我们自己的手中。如果我们不付出努力，不积极地拯救自己，那么，便没有任何人能够使我们走出泥泞，走向成功。只要我们有坚定的目标，远大的理想，有一颗追求梦想、渴望成功的心，同时在失败、绝境面前不退缩，勇敢地向着明确的目标奋进，有自信、有勇气与一切艰难斗争，有着永不放弃的劲头，就能穿越重重障碍，走向成功，走向巅峰。

成功的人生是每个人都渴望的。成功有方法吗？成功有规律可循吗？成功的人是天生就非常优秀吗？答案姑且不论，但那些伟大的成功者似乎都抓住了一些共同的东西，这难道就是成功的秘密？

　　有这样一句话被不少人奉为经典："许多人都以为成功是由偶然和运气组成的，其实不然，它是由规律和法则组成的。"规律是事物最本质的内涵，是事物兴衰成败的黄金定律。任何一种事物的规律，不论你遵循它还是违反它，都会起作用。

　　事实上，成功需要多种能力、品质和资源，不过，首要的一条是，我们要明白自己究竟是做一个成功者，还是一个失败者。如果我们要做一个成功者，需要具备什么样的品质，需要遵循什么样的规律。如果你想成功，就需要明白，无论面对何种情况，都不能只在意一时一事取得了成功或遭到了失败，而要思考如何对待自己的成功和失败、在遭受挫折时表现出什么样的姿态。

　　无论过去如何看待自己，现在都还有改变的机会、方法与能力，可以使自己变得更美好。造物主给我们的所有礼物中，能够选择自己的人生方向，应该是最大的恩赐了。只要我们立志做一个成功者，做一个最伟大的人，最好的事情就会发生在我们的身上。所以，我们要想自己杰出，就必须把自己变成最好的人。

目 录

|第四章|

成功的力量

|第五章|

为梦想而努力

第一章

把握成功的机会

你做好准备了吗

在现实生活中，你要想拿到红利，必须先拿钱投资。同样，想获得机会，则必须先有所牺牲。牺牲自己的时间、收入、安逸生活和享受等等，随时全神贯注地做好准备，一有运气出现，便跳起来将它俘获，于是便有了机会。

在致富的过程中，也要分清机会和运气。我们不排除运气，但是更重要的是要用自己的财商，挖掘蕴藏在生活中的机会，也只有这样，你才能得到财富。

"机会女神的头发长在前面，"一位拉丁诗人说过，"后面却是光秃秃的。如果抓前面的头发，你就可以抓住她。但如果让她逃脱，那么即使主神朱庇特本人也抓不到她。"机会来去无踪，只有最虔诚的人、最敏捷的人才有可能看见它的脸，并进而抓住它的手。如果你漫不经心，如果你没有失败意识，当一件事情来临的时候，总是先想到失败。如果你想成为一个真正的成功者，你在内心中要持续地期待好的事情发生，当你持续地期待的时候，最后你的潜意识会接到信息，大脑的敏感度会打开，你会看到把事情做成功的机会，最后你会把事情做成功。这在目前的心理学、神经语言学上已经完全可以证明。

如果我们有雄心壮志，但不去努力实现，它就不会保持勃勃的生机。这如同身体的器官长期不使用，它就会变得迟钝，直至丧失功能一样。

我们怎么能指望自己的雄心壮志经过几年闲散、懒惰、冷漠的生活仍保持勃勃生机呢？如果我们总是让机会擦肩而过，而不去努力抓住它们，那么，我们的性情只会变得更迟钝、更懒惰。

我们现在要做的是做我们能做的事情。不是拿破仑或林肯能做的事，而是我们能做的事。

我们是否能利用自己能力的10%、15%、25%或90%，其结果对我们每个人来说是截然不同的。

威廉·詹姆斯说了一个非常深刻的道理："我们这代人最伟大的心理学上的发现莫过于我们可以借由改变我们内在的世

界而达到改变我们外在的世界。"

期待是一种需求的幸福，当你所想要需求的幸福来到你身边的时候，这是天下最美好的事情了。

强者期待好事的发生，但他们决不等待。期待是一种动力，等待是一种痛苦，等待会让自己变得很失败。

现实生活中有多少人只是在等待？其中很多人不知道等的是什么，但他们在等某些东西。他们隐约觉得会有什么东西降临，会有些好运气，或是会有什么机会发生，或是会有某个人帮他们，这样他们就可以在没受过教育、没有充分的准备和资金的情况下为自己获得一个开端，或是继续前进。

有些人在等着从父亲、富有的叔叔或是某个远亲那里弄到钱，有些人是在等那个被称为"运气""发迹的神秘东西"来帮他们一把。

我们从没听说某个等候帮助、等着别人拉扯一把、等着别人的钱财或是等着运气降临的人能够成就大事。只有抛弃身边的每一根拐杖，破釜沉舟，依靠自己，才能赢得最后的胜利。

一家大公司的老板曾说，他准备让自己的儿子先到另一家企业里工作，让他在那里锻炼，吃苦头。他不想让儿子一开始就和自己在一起，因为他担心儿子总是依赖他，指望他的帮助。

你不再需要别人的援助，自强自立之时，你就踏上了成功之路。一旦你抛弃所有外来的帮助，你就会发挥出过去从未意识到的力量。

世上没有比自尊更有价值的东西了。如果你试图不断从别人那里获得帮助，你就难以保有自尊。如果你决定依靠自己，独立自主，你就会变得日益坚强。

当资金短缺、生意清淡、开支高涨时，真正的男子汉就会大显身手，锋芒毕露。没有奋斗，就没有成长。不能抛开依赖心理，也就没有个性，永远无法建立真正的自信。

机会只钟爱有准备的人，等待是徒劳的，你要做的就是时刻睁大眼睛准备着，一定要注重市场信息的收集、处理和利用，分析和掌握社会需求的方向，摸清同行和竞争对手的变化动态，先于对手做出正确的销售、经营决策，才会在复杂激烈的市场竞争中找到立身之地。

到处可以见到许多人，已是中年，却没有抓到过一次机会。他们只开发了自己潜能的极小的一部分。他们身上最好的一面仍潜伏得很深，从没有被唤醒过。绝对不要让你自己滑入这种可悲的状态。

我们的缺点是永远寻找能使我们轻易获得财富和声望的绝佳机会，我们指望着不经实践就成为大师、不经学习就获得知识、不经努力就发财致富。

生在一个知识和机会都前所未有的时代，你怎么能无所事事？连声向上帝索取那些已经给予你的所有必要的才能与力量呢？

世界上充满了需要做的工作，按照人性的特点，一句美言或一点微不足道的帮助就可以使一位同胞免遭劫难，或为他扫清通往成功路上的障碍。

按照我们的能力，只要通过坚持不懈地努力，我们就能找到各种机会，我们每一分钟都处在新机会的门槛上。

然而，机会是需要积累和准备的。如果你没有平日的积累，没有良好的准备，没有优良的素质，机会即使来了，也不会落在你的头上，只能眼睁睁地看着让别人抢去。

从现在开始，你要从外表上、举止谈吐上，把浑浑噩噩的生活痕迹清除干净，你要向世人展示你真实的气概，你再也不想被人视作失败者。

你已坚定地面向美好的东西——能力、自信，世界上没有什么能使你改变决心，那么你就会惊喜地发现有一种向上的力量支撑着你，自尊、自强、自信也随之增强。

机会靠自己把握

　　不要把机会想得过于惊心动魄，我们都是平凡的人，没有多少人会成为英雄或伟人。因此，我们所关注的应是自己的生活，把握最普通的机会。当你掌握每一个机会时，那些关键的被称为转折点的机会也属于你。

　　莎士比亚说："聪明的人会抓住每一次机会，更聪明的人会不断创造新的机会。"也许你是聪明的人，但其他的人也不是傻瓜。你做好了充分的准备，张开双臂等着机会的来临，而你的竞争者同样也会表现出相同，甚至更好的状态。这时，等待无疑就是失败，只有主动创造和把握机会，你才能从中取胜。

　　在竞争激烈的信息社会中，对时机的把握完全可以决定你是否有所建树。为此，你应该抓住每一个可能会带来财富的信息，哪怕只有万分之一的机会。

詹姆斯·T.费尔茨讲述了这样一个故事：

"有一次，霍索恩与一位朋友一起参加了朗费罗的晚宴。饭后这个朋友说：'我曾经让霍索恩根据阿卡迪亚的传说写一个故事，传说讲的是一个女孩与她的恋人因为一些原因失散了，她用了自己一生的时间来等待和寻找恋人。当他们都老了时，女孩才发现自己的恋人死在医院里了。'朗费罗恨霍索恩居然没有从这个传说中找到灵感，于是对霍索恩说：'如果你不想用它写故事，我可不可以用它来写诗？'霍索恩同意了，并且保证，在朗费罗想好如何处理这个题材之前，他决不用它写散文。于是，根据这个传说，朗费罗写成了闻名世界的诗歌《伊凡杰琳，阿卡迪的漂泊》。看吧，他就是这样抓住了机会。"

睁开双眼，机会将无处不在；竖起耳朵，你会听到机会之神的召唤；敞开心灵，你永远都有施展才华的地方；伸出双手，崇高的工作正等着你。每个人都知道，在盛满水的容器中放入固体，水就会溢出来，然而却没有想到，溢出来的水和放入固体的体积是相等的。直到阿基米德出现，他敏锐地发现了测量物体体积的简易方法，哪怕这个物体的形状不规则。

每个人都知道，悬挂着的物体如果被移动，它就会有规律地前后摆动，直到空气阻力使它停下来，然而并没有人意识到这是个发明的机会。只有伽利略，当比萨大教堂里的吊灯偶然晃动起来时，他从中发现了钟摆定理。即使被关进监狱，他也在用牢房里的稻草进行实验，最终他发现了有关相对强度的原理。

天文学家熟悉土星周围的环状物很久了，但他们都认为这不过是行星形成规律中的一个"奇怪的例外"。只有拉普拉斯不这样认为，他证明了这些环状物只是星体构成阶段所留下来的证据。正是他的怀疑和发展，宇宙科学史又往前走了一大步。在欧洲，虽然水手们对澳洲彼岸的世界充满好奇，但他们从没有想过要去探个究竟，直到哥伦布出现，他用自己的勇敢和坚持跨越了未知海域，发现了新大陆。

苹果从树上落下时，曾打到无数人的头，但只有牛顿才会思考，并意识到苹果落地与行星在轨道运行是一个道理。

从蛮荒时代开始，闪电就使人目眩，雷声使人耳朵震颤，雷电交加的场景永远都在提醒人们：它们拥有巨大的威力和无穷的能量。对于这来自天堂的枪炮声，人们心怀恐惧，直到富兰克林用一个简单的实验证明：闪电虽然不可抗拒，但它也只是一种可以被控制的能量而已，它就像空气和水一样充足。

这些人之所以会被认为是伟大的，就是因为他们抓住了那些看似平常的机会，并利用、发展了它们，为人类作出了贡献。我们应该好好读读这些成功人士的故事，分析并学习他们的精神。

因为对于每一个人来说，任何机会都要靠你自己去把握。

美国南北战争的英雄格兰特将军在新奥尔良不幸从马上跌了下来，受了重伤，就在这时候他接到命令，要求他去指挥查塔努加的战役。当时，南方军已经将联邦军围得严严实实，投降看来几成定局，仿佛只是一个时间早晚的问题。一到晚上，四周群山上到处是敌军燃起的篝火，在漆黑的夜空里如同满天的星星。而对格兰特来说，所有的补给与供应线都已经被完全切断了。忍着巨大的疼痛，格兰特断然下令，挥师前往新的作战场地。

沿着密西西比河北上，穿过俄亥俄河及其星罗棋布的支流，在马拉着的担架上一路颠簸走过茫茫的荒原，最后在四名士兵的帮助下，格兰特将军终于到达了查塔努加。一个伟大的指挥官到了！他的到来使整个战局立刻为之改观，他能够扭转战局，而且也只有他才能够扭转战局。整个军队都为他的坚韧和毅力所鼓舞，整个军队顿时士气大振。敌人仍然在一步步地逼近，但是在格兰特还没有来得及跨上马鞍、下令前进的时候，北方军队已经以迅雷不及掩耳之势夺回了周围所有的领地。

　　类似格兰特将军这样非同寻常地创造机会的例子还有很多。他们在别人畏首畏尾、面对艰难的处境时能当机立断，用意志、勇气与决心将情况彻底改变过来。

　　你可以说世界上只有一个拿破仑，但是，你要明白，当今任何一个年轻人所面对的困难与难题，决没有那位科西嘉小子所跨越的阿尔卑斯山那么高、那么险！

　　所以，要想主动创造机会，你需要采取主动，走在别人的前头；令事情发生，而不是等待事情发生；尝试一切方法，去把工作做到最妥善。

成功离不开机会

为什么机遇总会降临到成功者的身上？为什么他们能够捕捉到机遇？其实，上帝赋予我们的才能都是均等的，我们每个人的体内都包含了诚实的品质、热切的愿望和坚韧的品格，这些都让我们有成就自己的可能；我们的前方还有无数伟人的足迹在引导着我们，激励着我们不断前行；而且，每一个新的时刻都给我们带来许多未知的机遇。

拿破仑·希尔告诉我们："机遇与我们的事业休戚相关，机遇是一个美丽而性情古怪的天使，她倏尔降临在你身边，如果你稍有不慎，她又将翩然而去，不管你怎样扼腕叹息，她却从此杳无音信，不再复返了。"

在商业活动中，时机的把握甚至完全可以决定你是否能成功。抓住每一个致富的机会，哪怕那种机会只有万分之一。

从政入仕也是需要机遇的。从某种角度来说，如果没有刘备，就没有诸葛亮；没有周文王，就没有姜太公。

参加文艺界演出和搞文学创作也同样需要机遇。

赢得爱情也往往与机遇结缘。爱情成功与否，也看有无机遇。爱情上的机遇，许多人常常认为"可遇不可求"。

创造财富也同样需要机遇。人与人之间本没有贫富差别，却因是否抓住机遇以及对机遇的利用充分与否，从而形成了财富上的不同等差。

在人的一生中，总会遇到各种各样的时机。在你穷困潦倒时和你已经有所成就时，机遇来临的意义是不一样的。所谓机遇与挑战并存，虽然说机遇能改变人的处境，能将人从谷底带到顶峰，但并不是所有人都能在机会来临时有效利用好，却常常在犹豫不决中丧失良机，于是，在事后扼腕长叹："时不我待。"

你不要以为机会像一个到你家里来的客人，它在你门前敲着门，等待你开门把它迎接进来。恰恰相反，机会是一件不可捉摸的活宝贝，无影无形，无声无息，假如你不用苦干的精神，努力去寻求它，也许永远遇不着它。

在这里，给每个人提个醒，别为失去朝阳而哭泣，否则你将错过今晚美丽的星空。人生事实上就是一连串的选择，当一个机会消失后，并不意味着世界末日的来临，随之必定会有新的机遇出现。如何把握和利用好眼前的机遇，才是一生中最重要的事情。

一位老教授退休后，拜访偏远山区的学校，传授教学经验与当地老师分享。由于老教师的爱心及和蔼可亲，使得他到处受到老师及学生的欢迎。

有一次当他结束在山区某学校的拜访行程，而欲赶赴他处时，许多学生依依不舍，老教授也不免为之所动。当下答应学生，下次再来时，只要他们能将自己的课桌椅收拾整洁，老教授将送给该名学生一份神秘礼物。

在老教授离去后，每到星期三早上，所有学生一定将自己的桌面收拾干净，因为星期三是每个月教授例行会前来拜访的日子，只是不确定教授会在哪一个星期三到来。

其中有一个学生想法和其他同学不一样，他一心想得到教授的礼物留作纪念，生怕教授会临时在星期三以外的日子突然带着神秘礼物来到，于是他每天早上都将自己的桌椅收拾整齐。但往往上午收拾好的桌面，到了下午又是一片凌乱，这个学生又担心教授会在下午来到，于是在下午又收拾了一次。想想又觉不安，如果教授在一个小时后出现在教室，仍会看到他的桌面凌乱不堪，于是他便决定每个小时收拾一次。

到最后，他想到，若是教授随时会到来，仍有可能看到他的桌面不整洁，终于这位学生想清楚了，他必须时刻保持自己桌子的整洁，随时欢迎教授的光临。

老教授虽然尚未带着神秘礼物出现，但这个小学生已经得到了另一份奇特的礼物。

如故事中小学生给我们的启示，自己准备妥当，得以迎接机会的到来，是可以循序渐进而学习的。如果你能像这位小学生一样，时刻把机遇存在心里面，它就在你今天走的路上出现。当你想着明天要做什么的时候，机会就会在那里等待你。总而言之，机遇就在于你如何看待你的命运。它绝不是人事广告栏上的求才启事，也不存在于你购买的彩票上，更不是你道听途说的一句话，或会借由眼前的一块招牌落下而彰显出来。

或者遍地都是机遇，除非你去发现它、追求它，否则它便不曾存在。当你开始寻求机遇时，你会发觉机遇越来越多，你找的次数越多，便越容易发现机遇就在你的身边盘旋。

但在真实的生活中，人们往往将一个人的成功归功于他的运气，其实人生充满机会，悲观的人总是看到机遇背后隐藏着问题，而乐观的人则从每个问题的背后发现机遇。更有甚者，就是那些成功者，他们能识别机遇，并能牢牢地把握机遇，直到自己获得了巨大的成功也不放弃。

机会何来

机会与我们的生活和事业密切相关。如果我们能够把握机会，甚至能创造机会，我们就能够改变我们的命运。这也就是人们常说的，在生活与命运的两条曲线中，机遇就是一个让你实现梦想的交汇点。错过了，你只能与平庸结伴一生，抓住了，你就能与卓越相遇。在人生事业的轨道上，机遇就是一个推动你走向卓越的动力，放弃了机遇，就如同放弃了人生走向卓越的可能。

在过去的岁月中，或许我们一直在等待成功的机会，从而耗去了过多的时光，却等不到机会的出现，从今天起，我们在等候机会的同时，我们可以开始做好准备，让自己保持在最佳状态，以便机会出现时，我们可以紧紧抓住它，不让它溜走。

美国有位名叫罗斯福的总统。当他还是参议员时，英姿勃发，英俊潇洒，才华横溢，深受人民爱戴。

有一天，他在加勒比海度假，游泳时突然感到腿部麻痹，动弹不得。幸好，吉人天相，被人救起，避免了一场悲剧。然而经过医生的诊断，罗斯福被证实患上了"小儿麻痹症"。

医生对他说："你可能会丧失行走能力。"

罗斯福回答说："我还要走路，我要走进白宫。"

第一次竞选总统时，他对助选员说："你们布置一个大讲台，我要让所有的选民看到这个得小儿麻痹症的人，可以'走到前面'演讲，不需要任何拐杖。"

当天，他穿着笔挺的西装，脸上充满信心，从后台走上讲台。他每迈出一步，就让每个人国人深深感受到他的意念和十足的信心。

后来，罗斯福成为美国历史上唯一一位连任四届的伟大的总统。

很多事情的成功，最主要的是要把握机会，在你把握了机会的时候，还要靠不屈不挠的意志力与绝对的信心。如果一个人总是以自己本身某部分的缺陷而去限定自己的能力，是不聪明的。那只是在找借口来掩饰自己害怕失败的心理。有些人可能会说自己完全没有这方面或者那方面的经验，不敢去尝试而白白浪费了一个可能让他踏上成功的机会。生命本身是一种挑战，即使自己有缺陷，但是只要不认输，只要能把握住机会，并肯努力去证明自己某方面的本领，一定能够获得成功。

苏联"火箭之父"齐奥尔科夫斯基10岁时，不幸染上了猩红热，持续几天的高烧，引起了严重的并发症，使他几乎完全丧失听觉，成了半聋。他默默地承受着孩子们的讥笑和无法继续上学的痛苦。

他的父亲是个守林员，整天到处奔走。因此教他读书写字的担子就落到妈妈身上。通过妈妈耐心细致的讲解和循循善诱的辅导，他进步得很快。可是当他正在充满信心地自学时，母亲却患病去世了，这突如其来的打击，使他陷入了极大的痛苦。他不明白，生活的道路为什么这么难？为什么这么多的不幸都落到了他的头上？他今后该怎么办？父亲抚摸着他的头说："孩子！要有志气，靠自己的努力走下去。"

是啊！学校不收、别人嘲弄，今后只有靠自己了！年幼的齐奥尔科夫斯基从此开始了真正的自学道路。他从小学课本、中学课本一直读到大学课本，自学了物理、化学、微积分、解析几何等课程。就这样，一个耳聋的人，一个没有受过任何教授指导的人，一个从未进过中学和高等学府的人，由于始终如一的勤奋自学、刻苦钻研，终于使自己成了一个学识渊博的科学家，为火箭技术和星际航行奠定了理论基础。

想要依靠别人来获取幸福是不现实的，那只能使你的前途一片暗淡。只有通过自己的不断努力，把握住人生的每一个机会，哪怕路再远，荆棘遍布，只要自己敢于去闯，敢于去披荆斩棘，就一定能走到目的地。挫折的发生，必然带给人们或大或小的打击，从而使人或自弃，或自轻，或自疑。只有真正的自强自立者，才能从打击的阴影中走出来，重新恢复自己的信心。

在我们的人生道路上，我们总会感觉到人生的无数次得与失、成与败都与机会有着密切的关联。愚者错失机会，智者善于抓住机会，弱者坐等机会，强者创造机会。所以，无论你想要成为一个什么样的人，只要你能够把握机遇，你就会获得发展。一旦你牢牢地把握住了机会，你就会发现，成功与失败的差距并不是那么大，而它们之间的距离就是如何去利用机会。

机会是平等的

在这个世界上，我们拥有的机会是平等的。对于软弱的犹豫不决的人来说，他们永远都不可能得到他们所盼望的机会。因为机会女神的头发是长在前面的，后面却是光秃秃的。因为面对机会的出现，他们也会考虑半天，究竟从什么方向下手抓住她呢？

永远不要等待。应该主动抓住平凡的时机，创造不平凡的胜利。懦弱的人等待机会，坚强的人创造机会。

成功人士张其金说："在我走向成功的历程中，我从来不等待机会，而是勇于创造机会、抓住机会、征服机会，只有这样，我们才能在走向成功的旅途中不错失任何一个机会，使人生感到遗憾。"

在百万个机会中，对你真正有用的也许只有少数几个，但是只要你好好抓住，再少的机会也会助你成功。

软弱犹豫的人总是抱怨缺少机会，然而这只是借口，机会遍布每个人的生活！生命中的机会存在于学校的每一堂课上。

在我们的生活中，每个人，每时每刻都面临着各种各样的机会：

每一次考试是你生命中的一次机会；

每一个病人对于医生都是一次机会；

每一篇发表在报纸上的报道是一次机会；

每一堂讲课是一次机会；

每一次与人攀谈是一次机会……

这些机会足以让你变得更有教养、更加诚实，拥有更多的知心好友。如果你能自信地表现，这也是你的绝好机会。你的机会存在于你用力量和道义承担起的每一份责任中，存在于你的努力奋斗中。只要认真对待自己的生活，你的聪明才智就会为你带来相应的成功机会。弗瑞德·道格拉斯曾是一个连自由都没有的奴隶，但最后成了一位伟大的演说家、编辑和政治家。年轻人啊，你们所处的环境那么优越，拥有的机会那么多，为什么还要怨天尤人、叫苦不迭呢？认真工作的人从来不会抱怨没有机会，只有无所事事，游手好闲的人才那样做。有一些人非常珍惜自己的机会，并加以利用，使自己受益匪浅；另一些人却对之随意丢弃。蜜蜂从每朵花中吸取精华、采集花蜜，我们也应该在各种经历和环境中吸取有用的知识，培养自己的能力。

"幸福之神青睐过每一个人，"一位成功人士说，"但是如果你没有准备好好迎接她，她当然转身就走了。"

在这个世界上生存，本身就意味着我们拥有奋斗进取的特权，我们要利用这个最大的机会，充分施展自己的才华，去追求成功。

只有懒惰的人才总是抱怨自己没有机会，抱怨自己没有时间；而勤劳的人永远在孜孜不倦地工作着、努力着。

早在几千年前，所罗门就说过："你看见那个勤奋的人了吗？他就站在国王面前。"这个格言用在勤勉的富兰克林身上再适合不过了。他曾经站在五个国王面前，其中有两个是他反对过的。

有头脑的人能够从琐碎的小事中寻找出机会，而粗心大意的人却轻易地让机会从眼前飞走了。

既然我们每个人都活着，机会对于我们来说也就永远存在，就看我们是选择做一个有头脑的人，还是个粗心大意的人。

　　由此可见，机会是无处不在的，关键在于你是否愿意去寻
找。如果你不遗余力地去寻找，就会很容易地找到它们。我相
信每个人都有属于自己的机会，只是有些人发现了，而有些人
还没有发现而已。

从需求中发现机会

　　从个人方面来说，一个人一生之中，总是有那么两三次的机会，能够在他掌握之中。一个人一生里往往就有那么几年好运，若能善于利用这几年的好运气，看准时机，果断行事，取得成功就比较容易；否则，只会留下无穷的懊悔。有的人曾提出疑问："他生长在富豪之家，我却在穷苦家庭中长大，摆在他和我面前的，是不同的机会，怎么可以说机会分布公平呢？"其实，提出质疑的人，把命运和机会搞乱了。常听人们这样说："某某有什么了不起！他还不是命好，才有今天的地位。"或者说："某某那两下子，也不见得比我高明多少，人家有个好靠山，人事关系好，所以赚钱比谁都快。"这些说法，几乎都完全否定了别人的才能，认定人海浮沉全凭运气和关系。如果这话出自老年人的口里，表示他对世事的感慨，对一生不得志的一点儿牢骚，尚情有可原，但如果是出自青年人之口，则必须警惕，因为这一念之差，很可能葬送你整个一生的光明前途。这不是危言耸听，也不是吓唬年轻人，而是人生的必然之理。

对于刚入社会的年轻人来说，一切都刚刚开始，真可说是连发牢骚的"本钱"都没有，又能怨什么呢？这样说，并不是完全否定人生的境遇受环境影响，而是一个靠自己奋斗前进的人，应该有"人定胜天"的豪气，应该有靠自己能力白手起家的信心和毅力。真正的智者，对待机会的态度，一是要积极创造条件，二是要积极地等待、寻找。二者相辅相成而又相互促进，缺一不可。

机会不来，你强取蛮干，只能撞得头破血流；如果你没有平日的积累，没有良好的准备，没有优良的素质，机会即使来了，也不会落在你的头上，你只能眼睁睁地看着让别人抢去。

如果你受教育不足；如果你缺乏先天优势；如果你的勇气和胆量不够；如果你懦弱、过于敏感或缺少进取心；如果你感到自己的生活一团糟；如果你从未找到自己的位置；如果你把握不住自己的生活，失去了对自己、对同胞的信心……那么请特别留意成功学大师戴尔·卡耐基先生的话，让他的话引导你攀登生活的阶梯：振作起来！你很快就要上路，手擎火把，点燃你的雄心壮志，在生命中投下一道神圣的光环。

"年轻人的机遇不复存在了！"一位学法律的学生对丹尼尔·韦伯斯特抱怨说。"你说错了，"这位伟大的政治家和法学家答道，"最顶层总有空缺。"在这世界上，成千上万的人最终发财致富，卖报纸少年被选入国会，出身卑微的人士获得高位。

在这世界上，难道没有机会？对于善于利用机会的人，世界到处都是门路，到处都有机会。我们未能依靠自己的能力尽享美好人生，虽然这种能力既给了强者，也给了弱者。若一味地依赖外界的帮助，即使本来就在眼前的东西，我们也要盯着高处寻找。

许多人认为自己贫穷，实际上他们有许多机会，只是需要他们在周围和种种潜力中，在比钻石更珍贵的能力中发掘机会。据统计，在美国东部的大城市中，至少94%的人第一次挣大钱是在家中，或在离家不远处，而且是为了满足日常、普通的需求。对于那些看不到身边机会，一心以为只有远走他乡才能发迹的人，这不就是当头一棒？

几百年前，在印度河畔住着一位波斯人，名叫阿里·哈菲德。他住在河堤上的一幢农舍里，从那里放眼望去是无垠的田野，伸向远方的大海。他有妻子和孩子，有一望无际的农庄，里面种植着谷物、鲜花和果树。他有很多钱，有自己希望拥有的一切。他很知足，很幸福。一天傍晚，一位佛教长老前去拜访，与他坐在火边，给他解释世界是如何创造的，以及最初的几缕阳光如何在地球表面凝结成钻石。

　　这位长老告诉他阳光凝成的一个拇指般大小的钻石要比金、银、铜矿值钱得多，用一块钻石，他可以买下许多现有的农庄；用一把钻石，他可以买下一个省；用一矿钻石，他可以买下一个王国。阿里·哈菲德静静地听着，感觉自己不再是个富人，他被一种不知足感攫取了。

　　第二天一早，他叫醒了这位令自己不再幸福的长老，急切地问他在哪里可以找到钻石矿。"你要钻石干什么？"长老吃惊地问。"我要成为富翁，让我的孩子们登上国王的宝座。""那你只能出去寻找，直到你找到钻石为止。"长老说。"可我到哪里去找呢？"感觉现在已一贫如洗的农庄主问。"东南西北，随便哪里。""我怎么知道自己已找到了呢？""当你看到一条河流过崇山峻岭之间的白沙，在白沙中你就会找到钻石。"长老答道。农庄主随即卖掉了农庄，把一家人托付给邻居，拿上贷款，出发去寻找人人都想得到的宝藏。他翻越阿拉伯的高山，经过巴勒斯坦和埃及，游荡了数年却一无所获。他的钱已花完，不得不忍饥挨饿。

可怜的阿里·哈菲德对自己的愚蠢和狼狈深感羞愧，最后纵身跳入大海一死了之。

买下他那农庄的人十分知足，尽量利用周围的一切，认为背井离乡去寻找钻石没有道理。一天，正当他率着骆驼在园中饮水时，他注意到水溪的白沙上有一道光芒闪过。他捡起一块石头，十分喜爱那灿烂的光泽，就把它拿进屋内，放在壁炉边的架子上，之后就把这件事忘得一干二净了。

那位打破了阿里·哈菲德平静生活的长老一天又来拜访农庄的新主人。他刚一进屋就被那块石头发出的光芒吸引住了。"这是颗钻石！这是颗钻石！"长老异常兴奋地喊道。"阿里·哈菲德回来了吗？""没有。"新农庄主回答说，"另外，这并不是颗钻石，而是一块普通的石头。"两个人走进园子，新主人用手指搅动白沙，看吧，一颗颗钻石闪闪发光，都比第一块更美。举世闻名的哥尔卡达钻石矿就这样被发现了。

假如阿里·哈菲德心满意足地留在家里，在园子里挖一挖，而不是跑到异国他乡去圆发财梦，那么他就会成为全世界首富之一，因为他的农庄里到处是珍贵的钻石。这个故事说明每个人都有属于自己的、独特的位置和工作，那么，应尽快找到你的位置，占据你的位置。记住有四样东西一去不返——说过的话、，射出的箭、虚度过的人生和错过的机会。

人类文明有一个怪现象，利用的机会越多，创造的新机会就越多。

许多人从别人视而不见的零碎物品中发了大财。正如从同一朵花中，蜜蜂得到蜂蜜，蜘蛛得到毒汁一样，从一些最不起眼的东西，如碎革、棉屑、矿渣和铁屑中，有人创造财富，有人却收获贫穷。大凡有益于人类生活的东西，一套家具也好，一件厨具也好，衣服食品也好，很少有不能加以改进而使人发财的。

之所以出现如此大的差异，全都来自于人类的需求和欲望中。

华盛顿的专利局里装满了各种构思精巧的装置，但几百个里面也不见得有一个对发明者本人或世人有什么用处。尽管如此，仍有许多父亲醉心于这类无益的发明，弄得家徒四壁，一家人在贫困中苦苦挣扎。

一个善于观察的男人发现自己的鞋眼被拉了出来，因为买不起一双新鞋，便思忖："我要做个可以镶到皮革里的带钩的金属圈。"当时他贫困潦倒，连割房前的草都要向别人借镰刀，而就靠这项小发明他成了一位富翁。

新泽西的纽瓦克有一位善于观察的理发师，他觉得理发的剪刀有待改进，便发明了理发推子，由此发了大财；缅因州有位男子不得不帮助卧病在床的妻子洗衣服，他感到传统的洗衣方法既耗费时间，又消耗体力，便发明了洗衣机，这样他也成了富翁；有一位先生受尽牙痛之苦，心想应该有一种方法把牙塞上来止痛，便发明了黄金塞牙法。

成就大事业或有重大发明创造的人并非财大气粗之辈。第一台轧棉机是在一个小木屋里制造出来的；美国第一艘汽船是由费奇在费城的一座教学教室里所组装起来的；麦考密克在小磨房里研制出著名的收割机；第一个船坞模型是在一间阁楼内制作的；位于马萨诸塞州沃塞斯特的克拉克大学创办者克拉克，靠着马厩里制作玩具马车开始发财；爱迪生早在做报童时，就已藏在行李车厢内开始了他的实验。

米开朗琪罗在佛罗伦萨街边的垃圾堆里捡到一块被人扔掉的克拉拉大理石，这块大理石是被一个不熟练的工人在切割中损坏的。无疑也有其他艺术家注意到了这块质量优良的大理石，但因其被损坏，所以仅是非常痛惜。只有米开朗琪罗看到这块废弃的大理石中的天赋，用凿子和锤子创作出人类历史上一件最优秀的雕像——《年轻的戴维》。

帕特里克·亨利年轻时被人视为懒惰的废物，务农、经商均一事无成。他学习了六个星期的法律便挂出营业招牌，在打赢第一场官司后，他终于觉得自己即使在家乡弗吉尼亚也能获得成功。英国当局通过印花税条例后，亨利被选入弗吉尼亚州议会，提出了反对这一不公平征税的法案。他终于成为美国最出色的演说家。

我们不可能人人都像牛顿或爱迪生那样有伟大的发现，也不大可能像米开朗琪罗或拉斐尔那样有传世之作。但我们可以抓住平凡的机会并使之不平凡，进而使我们的人生变得更壮丽。

如果你想很快获得财富，就必须研究你自己和周围人的需要，你会发现千百万人也有同样的需要。

无论是谁，只要他能满足人类的一项需要，改善我们目前所采用的方法，他就可以很容易地获得机会，从而取得他所需要的东西。

如果你想致富，就必须研究你自己和自己的需要。你会发现千百万人也有同样的需要。风险最小的营生总是和人类的基本需求相关。衣、食、住、行是我们不可少的，我们也需要娱乐、教育和文化设施。只要一个人能满足人类的一项需要，改善人类采用的方法，或对人类的生存状态做出贡献，那么他就可以发财，而且就在他所在的地方发财。

到处都可以见到许多人年届中年，却没有抓到过一次机会，他们只开发了成功潜能极小的一部分。他们仍处于休眠状态。他们身上最好的一面仍潜伏得很深，从没有被唤醒。绝对、绝对不要让你自己滑入这种可悲的状态！世界充满了需要做的工作，按照人性的特点，一句美言或一点微不足道的帮助就可以使一位同胞免遭劫难，或为他扫清通往成功路上的障碍。按照我们的能力，只要通过坚持不懈地努力，我们就能找到最高的善。历史上有不少好的榜样，激励着我们去闯去做。总而言之，我们每一分钟都处在新机会的门槛上。

　　我们无须把创造机会者美化，说他是道德家，是做人的典范。创造机会者的首要目标是创造价值，制造利益。这是以一分资源，创造十分成果，因而为自己带来巨大利益。创造机会者为自己，为自己的企业谋取利润，但也同时为社会带来利益。他所创造的价值，是社会民生乐意接受的。对社会大众提供方便，提高人们的生活质量，改善生活环境。例如，发明电话、汽车、电脑，并把它们商业化，大量生产，都是创造机会者策划和推动的。创造机会者在创造价值、制造利益的时候，必定同时也令社会得益。

　　创造机会者有三个方式：发现、发明和组合。不管发现、发明还是组合，都可以是机缘巧合，这要讲究一点儿运气。但创造机会的活动，也可以是经过有计划的探索，从而获得预期的结果。这里所指的是创造机会，是指有计划的探索而言。

　　不过，偶然碰着也好，有计划地探索也好，发现、发明、组合只是创造活动的起点，创造者必须针对发现、发明或组合的产物，研究有没有创造价值的可能。如果该产物具有这样潜能，更需进行开发、生产、销售，为市场也为自己带来利益。在致富过程中，时机的把握甚至完全可以决定你是否有所建树，抓住每一个致富的机会，哪怕这种机会只有万分之一。学会推销自己，每天我们都在推销——不论我们的推销技术是否在行。如果自己的工作跟别人有所接触的话，推销的意思便是说，你需要不断地想办法使别人向你购买和租赁，把理想的任务交给你，并相信你的说法。所有人的私人生活中也牵涉到推销——虽然在亲密的关系间没有这种情形存在，但在社交行为中则随时存在。多数人都希望受到别人的喜欢，多数人都希望轻易地找到工作，希望有身份的人找他们说话，希望肉店卖给他的肉不带肥的。生活是一连串的推销。

　　有人也许不希望靠股票发大财，但谁不喜欢得到加薪呢？即使你学习推销自己只能得到加薪，这也就值得了。一旦学到家了，你就不会再忘记了，你也许在这个过程中会遭遇到一点挫折，但跟你的成功比起来，又算得了什么？当你推销自己的时候，你就必须对种种情况有所了解。你是什么人？你必须提供的是什么？你的优点何在？缺点呢？别人对你有什么反应？你的目的何在？这些探测性的问题，必须以你所知道的确实的方式来回答，因为它是设立一个推销计划的基础，不论社交界或商业界都一样。每一个人都必须找出自己的答案：自己的个性，自己的风格。跟随你亲近的人，也许不好意思指出你的缺点：奇装异服、不良习惯等，因此当你在考虑推销自己的最佳方案时，不得不诚实地对自己评价一番。"你要推销的第一对象，是你自己。"你必须感受到。是的，你有权呼吸，占据一个空间，感觉到很自在。你的态度全部反映在你的举手投足之间。"推销自己远超过你要推出的任何产品或观念。你必须有办法盯住对方的眼睛，使他深信你是个可靠的人。"

在推销你自己的时候，首先你的外表非常重要，而且永远不可忽视。"如果你有一张大大的面孔，五官至少有一项非常醒目，对你很有好处……詹森总统的大耳朵就是个例子。"对你的外表，确实要注意，充分利用你的优点。上高级理发店，减肥，把西装烫一烫——尽一切方法，也要变成一个令别人喜欢的人，因为在其他人面前，他们会跟你说话，看到你。

第二章

坚持到底

将成功进行到底

　　我们常会抱怨自己的奋斗和付出没有得到预期的回报，我们会埋怨自己的理想和目标总是没有实现。所以说，在现实生活中，我们常常会遇到这样那样的困难，困难会使我们受到挫折和打击，怎样才能成功呢？我的答案是，只要我们有一颗坚强的、百折不挠的心，虽然屡遭挫折，却吃得消，我们就能够走向成功。

　　14世纪的时候，有一次，蒙古皇帝莫卧儿的军队被强大的敌军杀得大败，溃不成军。敌军正在大搜捕，莫卧儿躺在一个废弃马房的食槽里，垂头丧气。突然，他看到一只蚂蚁努力扛着一粒玉米，试图爬上一堵垂直的墙。这粒玉米比蚂蚁的身体大许多，蚂蚁尝试了69次，每次都掉了下来，但最后，在第70次的努力中，蚂蚁终于把那粒玉米一直推过了墙头。莫卧儿大叫了一声，跳了起来！他也能取得最后的胜利！后来他重建军队，终于把敌军打得四散逃窜，他的帝国也从黑海之滨伸展到了恒河。

事实上，这个故事给我们的启示是，只要我们在遇到困难时，能够从一次又一次的挫败和失败、一次又一次的迷惘和困苦之中走出来，并且能够产生一种爆发力，就能够走向成功。因为我们的爆发力有多大，我们就能够取得多大的成就。我们的执著力有多大，我们就能做多大的事业。

有个年轻人去微软公司应聘，而该公司并没有刊登过招聘广告。见总经理疑惑不解，年轻人用不太娴熟的英语解释说自己是碰巧路过这里，就贸然进来了。总经理感觉很新鲜，破例让他一试。面试的结果出人意料，年轻人表现糟糕。他对总经理的解释是事先没有准备，总经理以为他不过是找个托词下台阶，就随口应道："等你准备好了再来面试吧。"

一周后，年轻人再次走进微软公司的大门，这次他依然没有成功。但比起第一次，他的表现要好得多。而总经理给他的回答仍然同上次一样："等你准备好了再来吧。"就这样，这个青年先后五次踏进微软公司的大门，最终被公司录用，成为公司的重点培养对象。

由此可以看出，乐观的人生是蓝色的，悲观的人生是灰色的。只要我们具有乐观向上的精神，立志做一个有使命感的人，无论在我们前进的道路上有多少障碍，我们都能够克服。因此，对我们来说，每一个挑战都是庄严的，一个人会不会有伟大的成就，就看他工作时的精神是否饱满，态度是否庄严，是否有一种不达目的誓不罢休的使命感。

南丁格尔是世界医学护理史上一个不朽的名字。在她25岁那年，她决心要当一名护士，结果遭到家人的反对，因为在当时"人们把护士看成已经丧失品格的女人，因而认为最好由那些甚至有了孩子的女人去干。"但南丁格尔为了把自己的生命献身于医学护理上，她毅然决定要当一名护士，她认为做一名护士是她为此值得全力以赴的伟大事业，对她来说，这是她最伟大的选择，她为此写道："在我的字典里没有失望、退缩这样的词汇。"

就这样，南丁格尔在周围的一片反对声中，在31岁那年，她进入了德国凯泽斯劳滕护士学校，迈出了当护士的第一步，两年后，她的护士生涯开始了。从此，她把一生奉献给护士这一天职，为了自己所坚守的事业，她一生没有结婚，一直过着独身生活。

由此可以看出，南丁格尔为了自己的理想，为了自己的人生使命，毅然决然地选择了在她看来的伟大事业，她的精神和执著确实值得我们学习。她说："我觉得对女性来说，这是最好的一个时代。关键是我们自己能否将追求坚持到底。"

多么催人奋进的话呀！南丁格尔的生命路线是一道不断超越世俗、超越自身的人生风景，对理想的不懈追求，让她将一个平凡的职业升华为人类的"天使"，并将自己从世俗的看法中彻底地解放出来，使自己从按部就班的贵族生活中走向波澜壮阔的历史前沿，她以坚定的使命感和执著的精神，为自己的人生价值开辟了广阔的社会空间和历史空间。

南丁格尔为什么能有如此强烈的使命感？因为在她看来，真正的大人物是那种成就了不平凡的事业却仍然像平凡人一样生活着的人。他们从来都是虚怀若谷的，他们不会觉得自己有所成就而盛气凌人，他们从来不会见人就喋喋不休地诉说自己是如何成功和选择自己的人生方向的，他们认为一个有内涵、有实力的人也不一定永远站在最高峰。只有忘记曾经的成功、曾经的辉煌，正视现实，这样的人才会获得掌声和鲜花。所以南丁格尔经常认为自己只是一个普通的护士。然而，在后人看来，南丁格尔并非仅仅作为一个普通护士走过自己的一生，她的所作所为完全可以被视为人类精神的一次大变革，可敬的是，这种变革居然是由这样一位女性完成的。因此，她的名字则因这种变革的实现而成为永恒。

为此，一位日本的传记作家写道："百年前和现在，人的心胸没有取得什么进步，而南丁格尔却超越了这一点，获得了进步，她才是能把自己所确立的使命贯彻始终的人。"

可见，能将使命贯彻始终，就能帮助我们将成功进行到底。尽管在我们的人生旅途上沼泽遍布，荆棘丛生，但我们还是能克服一切困难，不断向成功的巅峰迈进；尽管我们前行的步履总是沉重、蹒跚，甚至需要在黑暗中摸索很长时间才能找寻到光明，但我们还是能够以勇敢者的气魄，坚定而自信地对自己说一声："只要我具备永不言败、永不放弃的精神，我就能够将成功进行到底！"

只要我们具备将成功进行到底的勇气，我们就一定会到达成功的彼岸！

亨利·克雷是美国的政治家，曾推动了密苏里妥协案在美国众议院的通过，努力使自由州与蓄奴州和解。他是个穷苦的孩子，他的母亲是个寡妇，养育了七个子女。由于家里太穷，他的母亲只好把他送到一所最普通的乡村学校。在那里，他只能学到一些简单的东西，但是他利用空闲时间自己学习，多年后终于学有所成。这个成天只能对着牲畜发表演说的乡村孩子，竟然成了美国历史上最伟大的演说家和政治家。

再来看看开普勒是怎样与贫穷和困难作斗争的：

开普勒·约翰尼斯，德国天文学家和数学家，被认为是现代天文学的奠基人，他创立了三大定律，说明行星围绕太阳转的理论。他的书被当众烧毁，国家明令禁止传阅他的文稿，他的图书馆被耶稣会查封了，就连他自己也被公众驱逐。但是，他仍然花了17年来研究他的伟大定律：各个行星都沿着自己的椭圆轨道运行，太阳位于这些椭圆轨道的一个焦点上。对每个行星而言，它和太阳的连线，在相等的时间内扫过的面积相等，各个行星绕太阳公转周期的平方与椭圆轨道的半长轴的立方成正比。这个没有受教育机会的孩子成了世界上最伟大的天文学家。

谁都希望获得成功，但我们是否具备赢得成功的勇气？比如说，我们如果要走向成功的巅峰，我们就要敢于肯定自己的所作所为是正确的，我们是否愿意为此担负全部责任？这一点是很重要的，也是我们能否做成功的自己，将成功进行到底的标记。

持之以恒可以创造伟业

因为发动对埃及的战役，手下的将领对拿破仑都极为不满。拿破仑面对他们镇定自若，对他们说道："将士们，你们是法兰西人，如果你们要暗杀我，用不着来这么多人；如果你们要威胁我，那你们的人数还远远不够！"拿破仑的话让一位将领情不自禁地惊叹起来："他真勇敢啊！"这位将领已经胆怯了，退缩了。

在布埃纳维斯塔战役中，圣安纳将军率领两万墨西哥军队，以绝对优势将泰勒将军率领的4000美国军队包围。圣安纳将军希望泰勒有条件地投降，但遭到了泰勒将军的严词拒绝。这场战斗持久而惨烈，最后以墨西哥军队的撤退而告终。后来，圣安纳将军评价泰勒说："投降从来不会出现在泰勒将军身上。"

林肯总统评价格兰特将军说："他的伟大在于镇定而坚韧。他像牛头犬一样，只要看准某样东西就绝不松口。"正是因为这一巨大的优点，格兰特在任北方军队统帅之后，势如破竹，在进攻南联邦首都里士满的战斗中，迫使对方几天就投降了。格兰特说："我已经下定决心战斗到底，哪怕耗上一个夏天我也绝不退缩。"

当一位斯巴达年轻人向自己的父亲抱怨他的剑不够长时，父亲就回答他说："那就再上前一步。"

夏洛伊战争中，初尝失败苦果的格兰特成为众矢之的，要求把他撤职的舆论铺天盖地。北方所有的报纸、每一位国会议员，甚至是林肯总统的朋友们，都恳求总统为了自己和国家的利益，赶紧把格兰特撤掉，任命其他人为指挥官。

一天晚上，林肯把朋友们召集在一起，耐心地听朋友们讨论长达几个小时，直到凌晨一点。林肯总统在长时间的沉默后说："我不能把他撤职，因为他一直在战斗。"正是林肯的正确坚持，格兰特才免于沦为公众情绪的牺牲品，事实证明林肯总统是正确的，他的坚持造就了一位美国内战的大英雄。

　　格兰特将军深深地明白，坚持到底就会取得人生战场上的胜利。在南北战争中，有一次双方军队激战数日仍不分胜负，战斗一时陷入僵局，总指挥官格兰特召开了军事会议。与会的各位将领纷纷出谋划策，他们多是商量应该从哪条路线撤退，或者是如何寻找后方的有利位置，以等待敌人的进攻。格兰特一言不发，静静地听大家讨论了几个小时，人们都等待着格兰特做出最后的决定。格兰特站起来，从口袋里拿出一沓纸，分发给每个人，那上面清清楚楚地标明了进攻方向。格兰特严肃有力地对大家说："黎明的时候，按上面的指令进攻。"这天黎明，军队按照原计划发起进攻，最终成功突破了敌人的防线。

　　曼奇那是拿破仑手下的大将，他在驻军热那亚时，成功击毙并俘虏了将近15000名奥地利士兵。因为饥荒的原因，他的士兵人数由18000人锐减至8000人，他们面临弹尽粮绝的危险境地，状况开始变得对他们极为不利，局面似乎完全被对方掌握了。敌方统帅奥特将军要求曼奇那主动投降，曼奇那说："如果我们要投降，那么我们得自由决定战斗的时间和地点，而且不作为战争俘虏，还必须保留我们的军旗、武器和装备。如果你不答应，我就会带着我的8000将士血战到底，从热那亚突围，杀出一条血路来！"奥特将军太熟悉曼奇那的脾气了，知道自己必须同意他的条件，但是为了防止曼奇那与增援部队立即汇合，奥特要求曼奇那能够自己投降，或是从海上离开。曼奇那却回答："无条件答应我，否则我就会血战到底。但是，我可以保证15天内不在热那亚出现。"奥特最终答应了他的条件，曼奇那也遵守了自己的诺言。

拿破仑在谈到曼奇那时说："即使战争输了，曼奇那也会发起下一轮战斗，彷佛他从没有失败过一样。"

在著名的马伦哥战役中，法国军队眼看着就要失败，他们已经做好了撤退的准备。德赛看着自己的表对拿破仑说："这一仗我们输定了。"拿破仑坚定地说："但现在才两点，我们还有时间集结部队反击。"随即，他就下令骑兵冲锋，并且赢得了这场战役的胜利。而就在几分钟前，法国士兵还以为会在战壕里等到撤退的命令呢。

拿破仑的手下有一位年轻的军官，他的名字叫朱诺特。

有一次，在战火纷飞的战场上，拿破仑命令他写一封加急信，敌人的炮弹在他们的面前炸开了，尘土在他们周围四散飞扬。年轻的朱诺特镇定自若地说："他们不赖嘛，还弄脏了我们的信。"拿破仑听到这句话，当即提拔了这位勇敢的军官。

有些年轻人想学法律，又担心学不好，韦伯斯特鼓励他们说："提高的机会永远都在那里。"在每个领域都是如此。这些年轻人如果希望获得成功，就必须坚定不移地努力奋斗。成功的门上永远都贴着三个字"用力推"。

我们要以坚强的意志和无畏的勇气来面对困境，我们要以果敢坚决的精神状态来面对考验，像稻草那样脆弱，是无济于事的，这个世界你不坚强，没人会替你扛。许多出身贫寒、没有人脉背景的孩子依然可以功成名就，就是因为他们拥有强大的意志和勇气。

只有那些愚蠢的人才总是祈祷幸运的降临，其实他们永远不会懂得：坚韧的性格、良好的习惯和勤奋努力才能打败厄运的摧残。幸运之神从来不会光顾那些懒惰而粗心的家伙。世界上从来没有偶然，只有努力寻找目标的人才会有意外发现。运气对任何人的成功来说都只是个前提，我们每个人遭遇打击和惊喜的机会是均等的。运气也许会让你走狗屎运，可以有个好的结局，但毋庸置疑，一个人的睿智决定了他努力的方向，一个人的勇气决定了他的努力程度，一个人的坚持决定了他成功的高度。那些所谓的勇气其实就包含了这些因素在里面。也许我们可以找到只靠运气获得成功的人，但那只是极少数的例外。打个比方说，有两个采集珍珠的潜水员。他们的技术水平不相上下，也投入了相同的精力，也许每一次的结果可能不一样：一位带回来了珍珠，另一位却空手而归。但是，当两人坚持了5年、10年，甚至20年之后，我们会发现，他们的收获与他们的技术水平和努力程度永远成正比。

如果仅仅凭运气，一个愚蠢的人能说出哲言吗？一个不学无术的人也绝不能够发表科学报告！《伊利亚特》《哈姆雷特》《奥德赛》《钢铁是怎样炼成的》绝对不是靠运气写就的！一个流浪汉也不可能仅仅靠运气就成为乔·吉拉德、洛特希尔德、范德比尔特或者洛克菲勒！对那些懦弱的人来说，他们不可能靠运气在约克镇、滑铁卢、里奇蒙德或者诺曼底取得胜利！仅仅因为运气，一个懒汉绝不会收获丰硕的果实，而一个勤劳的农夫也不会颗粒无收。仅仅因为运气，一个酗酒者绝不会成为干净整洁、魅力无限的人，一位绅士也不会变得形容枯槁、穷困潦倒。仅仅因为运气，诚实的劳动者不会变得饥寒交迫，游手好闲者也不会变得衣食无忧。我们知道，瓦特发明蒸汽机，莱特兄弟发明飞机，布朗夏尔发明降落伞，富兰克林发明避雷针，富尔顿发明蒸汽船，惠特尼发明轧花机，摩斯发明电报，贝尔发明电话，爱迪生发明留声机，靠的不是所谓的运气，而是坚持到底的精神。

有些人的成功，可能与偶然有关，我们也许会认为那是运气，殊不知，他们在此之前付出的努力与汗水有多少。一个人的身体机能紊乱，看起来生不如死，但却因为一次手术而痊愈；一个人因为舌头麻木而无法说话，但一次成功的手术却使其开口能言；一个画家对自己的作品不满意，愤怒绝望之余将自己的画笔掷向画板，却有了意想不到的收获；一个音乐家，努力想演奏出海上风暴却屡遭失败，气愤的他将双手从键盘上扫过，却成功地模仿出风暴的声音。如果你仅仅将这些归结为运气，那是你没有看清问题的实质，他们在此之前已经付出了无数的汗水和心血，而从没有被动等待运气的降临。

科布登说："运气，只是守株待兔而已。成功的唯一法则就是：具有坚强的意志，去努力奋斗和细心地观察。运气，就是躺在床上，等待邮递员告诉他有一笔遗产要他继承；奋斗，则是为了增加自己的才干，或是为了给将来奠定基础，天不亮便起床，奋笔疾书或是努力干活。依赖运气的人永远活在唉声叹气中，奋斗者则永远精力充沛地前进。运气，是被动等待机会的到来；奋斗，则是一个人品格的力量。"

　　事情一旦看准了，就要坚持到底。一定要坚信自己才是最佳的人选，只有你才能胜任担当。拿出你的全部勇气吧，时时刻刻激励自己坚持奋斗。当你全身心地投入一件事情时，你就成了自己命运的主宰。那时，你就会变得更加自信，别人也会对你有更高的评价。坚毅果敢的人能永远赢得大家的尊敬，当然成功之路也就会变得十分顺畅。

　　即使自己的希望会落空，也要坚持自己的信念，因为上帝永远是公正的，他会庇护自己的子民。只要你心怀这样的信念，即使现在生活艰难、命运坎坷，也不会让自己失去生活的信心和勇气，反而会更加坚定地走向前方，向着有胜利曙光的方向迈进！

成功就是再坚持一下

　　人生就是一个不断与失败较量的过程，只要我们面对失败时，再坚持一下，成功就会属于我们，不信看看这句话"什么东西比石头还硬，或比水还软？然而软水却穿透了硬石，这是为什么？是坚持不懈而已。"

　　"再坚持一下"是一种不达目的不罢休的精神，是一种对自己所从事的事业的坚强信念，也是高瞻远瞩的眼光和胸怀。它不是蛮干，不是赌徒的"孤注一掷"，而是在通观全局和预测未来后所做的明智抉择，它更是一种对人生充满希望的乐观态度。在山崩地裂的大地震中，不幸的人们被埋在废墟下。没有食物，没有水，没有亮光，连空气也那么少。一天，两天，三天……还有希望生存吗？有的人丧失了信心，他们很快虚弱下去，不幸地死去。而有些人却不放弃生的希望，坚信外面的人们一定会找到自己，救自己出去。他们坚持着，哪怕是在最后一刻……结果，他们创造了生命的奇迹，他们从死神的手中赢得了胜利。

故此，当我们面对困难时，绝不要轻易放弃，只要我们再坚持一下，我们就能变困境为顺境，就能创造人生的奇迹，这就像张其金在《什么也取代不了坚持》一文中所写：

1998年，我创办了自己的企业，在半年多的创业生涯中，我和我的合伙人经历了很多挫折，也学到很多教训，体会到努力之必要，坚持之必要，同时要能随机应变。

我的第一个教训就是，不能因为遇到一点挫折，就轻易放弃。我们知道，在创业过程中虽然会不断遇到资金短缺的情况，有很多人，在筹不到资金的情况下，没有坚持多长时间，他们就放弃了自己的事业，而我和我的创业伙伴却没有这样。每当我们在一起的时候，我们就开始相互鼓励对方不能因此而畏怯或放松。那时候，我们也经常碰到在一个月内没有一个客户的现象，但我们坚持了下来，并想尽一切办法使公司生存下来，现在回想起来，实在是有点恐怖。

有一次，当我在外地出差的时候，我们公司的资金短缺到了连工资都发不出的地步。在开工资的那一天，我的合作伙伴问我怎么办，我在电话里告诉她："我相信你已经看过《世界上最伟大的推销员》这本书，这本书里有一段话是这样写的：我不是为了失败才来到这个世界上的，我的血管里也没有失败的血液在流动。我不是任人鞭打的羔羊，我是猛狮，不与羊群为伍。我不想听失意者的哭泣，抱怨者的牢骚，这是羊群中的瘟疫，我不能被它传染。失败者的屠宰场不是我命运的归宿。"

我对她说到这里之后，她在电话里说："我知道该怎么办了。你就放心吧！"

第二天，因为我要参加一个客户会议，我没有打电话询问她是如何解决的。后来在我回到北京之后，我才知道：就在当天，她就把自己的轿车卖了，付清了公司的一切债务，并在离下班前的几分钟把工资发了。

像这样的事例对于一个创业者来说是难以避免的，但是，只要你决定渡过难关，最重要的是你要明白，什么也取代不了坚持：聪明才智不能，具有才智的失败者比比皆是；天才不能，天才常常是终生潦倒、不被认同的；教育不能，世界上有太多受过高等教育的人，始终没有实现自己的人生目标。那么，什么才能帮助我们渡过难关呢？只有坚定的决心，才是万能的。

　　在我第一次创业时得到的第二个教训是，知人任事，勇于授权。作为公司的管理者，我们不必事必躬亲，应该让有能力的员工去做。就算是一些非常重要的工作，都要敢于授权给下属去做。

　　有一次我们公司签订了一家大型企业的宣传方案，正好此时我们刚刚招进来一位应届毕业生，我的合伙人认为一个刚从大学里走出来的应届生，肯定做不好这个宣传方案，她认为还是由她来做比较好，她认为自己有经验，这位大学生可以帮助她做一些辅助性的工作。但我却对她说："我相信他能做得好，只需要有你的指导，肯定会比你亲自去做会更好些。如果他承担了你现在应该做的事，你就可以去做更重要的事了。你看看我们的一些客户，很多老板都忽略了这个道理，结果忙得焦头烂额却事倍功半。明明可以找人来负责处理的工作，偏要亲自披挂上阵，而最重要的联络客户感情的事却反而没人做。"在我的建议下，我的合伙人果然下放了权力让这位应届生去做，最后的结果是得到了客户的好评。

出现这种情况，有些是出于无知，经营管理上的知识不足，有的则是刻意逃避开拓客源的工作，不愿意花时间拜访客户。有些老板大小工作都要亲自裁决，自己动手，结果呢？底下员工怨声载道，客户得不到充分的服务，最后企业走向了倒闭。

第三个教训是，除了苦干之外，也要学会动脑筋。作为创业者，每天从早晨九点上班到下午六点下班，不过是最基本的工作而已，只有你把八小时之外的时间都利用起来，那才是决胜的关键。当别人在睡觉或看电视时，你得努力不懈地干，才能让自己赢得过别人。

在我们刚刚创办公司的时候，我们签订了某软件企业的品牌推广合同。在签订合同当天，客户就提出在第二天必须要看到初稿。当然，对于员工来说，让他们加班加点到第二天，肯定是出不了成绩的，在这样的情况下，我和合伙人决定亲自去做，于是我和合伙人一边商量，一边执行，终于在第二天凌晨五点半完成了方案。

正是我们比其他公司具备了这种勤劳的精神，我们得到了这家软件企业的肯定，从而签订了一份长期合作协议。

第四个教训是，如果不能坚持不渝，就不会走向成功。在第一个教训里我已经提到过坚持的重要性。但我要提醒大家，生命的奖赏远在旅途终点，而非起点附近。我们不知道要走多少步才能达到目标，踏上第一千步的时候，仍然可能遭到失败。但成功就藏在拐角后面，除非拐了弯，我们永远不知道还有多远。在这种情况下，我们一定要告诫自己，如果我们能够再前进一步，如果没有用，就再向前一步。事实上，每次进步一点点并不太难。

在创业过程中，我一直强调不要急功近利，只要我们能够坚持不渝，就会走向成功。有一次，我们要做一个动画宣传片，如果我们不坚持，我们就根本不能完成。后来，我们决定把这个宣传片的制作时间延长到半年，正因为有了这半年的时间，我带领团队在不影响正常休息的情况下，经过半年的坚持不渝，终于完成了此宣传片的设计和制作。后来在庆功大会上我引用《世界上最伟大的推销员》中的一段话说道：从今往后，我承认每天的奋斗就像对参天大树的一次砍击，头几刀可能了无痕迹，每一击看似微不足道，然而，累积起来，巨树终会倒下。这恰如我今天的努力。

就像冲洗高山的雨滴，吞噬猛虎的蚂蚁，照亮大地的星辰，建起金字塔的奴隶，我也要一砖一瓦地建造起自己的城堡，因为我深知水滴石穿的道理，只要持之以恒，什么都可以做到。

我不因昨日的成功而满足，因为这是失败的先兆。我要忘却昨日的一切，是好是坏，都让它随风而去。我信心百倍，迎接新的太阳，相信"今天是此生最好的一天"。

只要我一息尚存，就要坚持到底，因为我已深知成功的秘诀：

坚持不懈，终会成功。

所以说，无论追求财富，或获取健康；无论谋求功名，或寻找快乐；无论寻求利益，或追逐自由，如要达成目的，首先必须有一个强烈的愿望并锲而不舍地为之奋斗。

福勒说过，假如你知道需要什么，那么，当你看见它的时候，你就会很快地认识它并最终抓住它。同时也要明白，在我们的成功之旅中，不轻言放弃也许就是我们走向成功的第一步。

始终坚持，走向成功

　　要想成功，人们就必须始终把精力放在创造性领域里，而不是破坏性的领域。

　　人类的身体看似柔弱无比，实则蕴藏着很多不可思议的可能性。其中有一种可能性，就是通过机遇的创造与再创造来掌控自己的境遇。创造这种机遇的主要力量来自于思想，思想认知是可以决定未来的力量，因此可以说这种可能性甚至可以决定未来。正是这种内在的心智将对成功的渴望变成现实。这种内在力量的认知，能够做出相应的和谐行为，这种力量在我们与我们所寻求的目标和理想之间搭建起桥梁，使我们得以通向理想的彼岸。这就是行为中的引力法则。这一法则，是所有人的共同财产，任何一个人只要对其运转有了足够的认知，都可以运用此种法则。为什么呢？因为我们已经知道，挑战人生需要百折不挠的精神：奋斗，失败，再奋斗，再失败，再奋斗……直至最终的成功，这就是成功的一般规律。成功之花靠奋斗者辛勤劳动的汗水去浇灌。奋斗与失败的每一次循环，都将人的认识提高到一个新的水平和高度，都向成功的目标逼近了一步。

生活中有一个事实，那就是我们的欲望无限而时间有限。因此，我们应该思考的并不只是我们想从生活中得到什么，我们还应该考虑为此付出的代价。这不能被看作消极因素，如果我们在生活中一切都得来容易，并认为成功不需要代价，我们就不会渴望成功。比方说，死亡使生命如此有价值，因此，我们不惜代价活着，我们活着的理由就是要验证人类所有的成功，几乎都是坚持的结果；人类所有的竞技，几乎都是坚持的较量；人类所有的创造，几乎都是坚持的作用。

坚持，就是将一种状态、一种心情、一种信念或是一种精神坚定而不动摇地、坚决而不犹豫地、坚韧而不妥协地、坚毅而不屈服地进行到底。

艾吉分析说："一个成功的人，无论是致力于获取财富，还是在某一领域里成为顶尖高手，和那些无法成功的人比起来，最根本的差别就在于，成功的人永不放弃，永不言败，他们永远都是能够坚持到最后的那一个。无论有多大的障碍和挫折来阻挠，他们都不会轻言放弃。他们很清楚自己的目标是什么，并且能够坚持到实现为止。"

很多历史上获得成功的人都认为，坚持到底是他们获得成功的重要原因。想象一下，如果司马迁写《史记》没有坚持15年，司马光写《资治通鉴》没有坚持19年，达尔文写《物种起源》没有坚持20年，李时珍写《本草纲目》没有坚持27年，马克思写《资本论》没有坚持40年，歌德写《浮士德》没有坚持60年，他们能够成功吗？想象一下，如果要你发明一种新的产品，你愿意尝试多少次失败的试验？100次？200次？1000次？还是5000次？

我给大家举个例子吧，这个例子经常被提到。林肯一直梦想着要成为一个伟大的政治家。在他32岁那年，他破产了；35岁那年，他青梅竹马的女朋友去世了；36岁那年，他精神崩溃了。接下来的几年，他在竞选中连续失败。很多人都认为林肯应该放弃了，但是他却坚持了下来，结果走向了成功。

在我们的现实生活中，同样也有一些凭借坚持不懈的精神而取得成功的人。写到这里，我还是想起了张其金的成功也与坚持不懈有着巨大的关系。张其金经常挂在嘴边的话就是：

"只要我能够坚持不懈，没有什么困难能够难倒我，没有什么挫折能打败我。"他经常对身边的朋友说："坚持自己的梦想，这听起来好像带有一些虚伪的东西，但它的确是你走向成功的前奏，只要你坚持了，你就能感觉到坚持是成就辉煌的前奏，是高潮来临之前的宁静，是朝日喷薄欲出时的五彩光芒。这是非常壮美的坚持，它足以给人最强烈的心灵震撼。如果在事业中我们也能够具备这种精神，我们就能够走向成功。"

对于坚持，我喜欢梭罗的一句话："大多数男人引领着一种沉默而绝望的生活，只是由于他们没有坚持的毅力才获得了这样的回报。"如果我们对这句话还持有异议的话，不妨看看我们过去的同学或者同事，他们曾经为自己设计过辉煌的未来，但又有多少人能实现他们的梦想？没有多少。随着他们人生道路的发展，恐怕他们早就忘记了自己当年的梦想。他们喜欢平庸、喜欢得过且过、喜欢随大流，他们早就忘记了他们当年的豪言壮语。也许他们曾经为他们的梦想努力过，奋斗过，但他们最终都以失败告终。这是为什么呢？因为他们从来没有把他们心中的梦想放在第一位，他们也没有遇到挫折而勇于面对，没有把他们的梦想坚持下去，他们活在自己的生活中，但在他们内心深处的某一角落，却藏着他们所渴望做，但难以实现的事。所以，我曾经对我的一位朋友说："在我们现在的生活中，我们千万不要过那种沉默而令人绝望的生活。我们要经常提醒自己，如果我失败了，我不会放弃努力。除非迫不得已，我是不会放弃我的追求的，所以我有梦想。"

举个事例来说明吧！我在一本杂志上曾经看到有关品牌建设的报道。于是我在想，如果我能够拥有一家进行品牌推广的公司该多好，想到这里，我对自己的人生做了规划。我深刻地认识到，如果我要实现这个梦想，我必须拥有这方面的经验，我必须进入到一家从事品牌推广的公司工作，如果我能够做到这一点，那么，我将会在这个行业游刃有余。正是我有了这样的想法，于是我进入了一家广告公司，这使我朝着我的拥有自己的公司的梦想迈出了第一步。在接下来的一年里，我一边为所在广告公司做着自己应该完成的工作，一边也在为组建自己的公司而准备着。很幸运的是，我自己的公司组建了，当时我们只有一个客户，虽然我没有任何做公司的经验，但我将为它尽我最大的努力，即使我实现不了我的梦想，至少我已经努力了，我已经做了，我没有把自己停留在一个打工族上。

通过我和我的团队的不断努力，又过了一年之后，我的客户有所增加。随着公司业绩的不断上升，我又有了一个梦想，

我认为只要我把企业坚持做下去，我就应该写一本书，属于我
自己的书。

所以说，梦想能在我们最困难的时候激励我们前进，但最
重要的就是我们要坚持做下去，无论遇到什么困难，只要我们
敢于坚持，我们就会走向成功。比如这本书的出版，也正是由
于我始终坚持不懈地写作，最终与读者见面了。

故此，我想对大家说，无论我们做什么事，只要我们有百
折不挠的精神，我们就会成功。我们的成功，恰恰告诉了我们
坚持的价值。只要我们坚持，在没有路的时候，也能够踏出路
径；在没有希望的地方也能够创造希望，让你无论如何不会被
困难打倒。

生命如何改变

　　人生中每个人所希望的改变基本上只有两种，一种是我们的认知，另一种就是我们的行为。如果一个人曾经有过不幸，例如被虐待、被强暴、亲人过世、受屈辱等，除非他所处的环境改变了或心情调整了，否则他将会一直活在痛苦中。同样的道理，如果一个人酗酒、嗜烟、吸毒及贪吃，要想健康就必须改变这种行为，而改变要能成功就必须把旧行为跟痛苦连在一起、把新行为和快乐连在一起。

　　乍听之下这似乎做起来不难，不过我发现若要成功——亦即这个改变要能持久——就一定得把有关改变的各样技巧合成一个体系。

　　如果各位不健忘的话，当会记得在第一章里我曾说过这样的话，改变要能成功必得先从改变信念开始，如果你希望能很快地改变，那么第一个要具备的信念就是，改变是可以马上做到的。很多人有一种错误的观念，认为改变是不可能很快做到的，如果可以的话那意味着原本就没有问题。然而我们不要忘了，既然我们能很快地制造出问题，那么也就能很快地找到答案。我们不能因为自己懒或不愿快些改变，便说立即改变不可能，事实上只要有决心就能够做到，你说是不是？

你要记住的第二个信念，是要对改变自我负责，若是没做好可别怪罪别人，这个责任事实上又可分为三个部分：

（1）我们必须确信"有些事得改变"。这里所指的改变是指"必须"而不是"应当"，我经常听到有人说"该减肥了"。或"拖延不是个好习惯"。或"得跟人相处得更好一些"。像这样的话不管说得再多都不管用，因为那还是不会有多大改变。唯有当一件事被认为是"必须改变"的时候，我们才会真正地去做，而那样才会有高品质的人生。

（2）我们不仅要相信事情必须改变，同时还得相信"我必须推动改变"。我们必须相信自己才是改变的主角，特别是当我们希望这个改变能够持久时，否则将来不成功就会把责任推到别人头上。

（3）我们必须相信"我有能力来改变"。如果我们不相信自己能够做到，就不会竭尽全力去做，而这在上一章中我们已经说过了。如果你不具备上述三种信念却想改变，那我可以跟你保证，即使你改变了也只是暂时的。在此请不要以为我在自我推销，若是你能有一位导师（这只是个通称，也可以是一位专家、教练、医生或顾问，只要他有帮助别人成功改变的经验）来帮助你，定可收到事半功倍之效，然而不管你想怎么改变，最终还是只有你才是推动的主力。

　　在前面我一再的强调，改变不能单凭意志，因为那个效果不能维持长久。这些年来经过我手的案例也真不少，我的心得是除非能从神经系统着手改变一个人的感受，否则就算是再怎么分析他的问题都无助于他的改变。各位一定不相信在自己的身上早就具备了立即且有效的改变能力，如果你晓得……

认清成功背后的阴谋

如果一个人渴望成功，但却做了失败的准备，那他肯定会坠入自己所准备的境地。例如，一个人要我为他祈祷，以使他的债务得以免除。我发现他一直在考虑应该如何应付债权人，却对我说的话无动于衷——你应该看到的是自己一定能清除债务。

远古的传说描述得更为精彩：三位国王被困沙漠，寻不到水源、居民和牲畜，于是他们去求教先知以利沙，以利沙的回答令人称奇，"你们见不到风，也不会遇到雨，这山谷遍布沟壑充满水源。"

哪怕目前毫无征兆，人们对自己乞求得到的东西，也必须随时做好得到的准备。

当年在纽约要找到合适的公寓十分困难，几乎不可能。有位妇女渴望租到一间公寓，她的朋友嘲笑她这个不现实的愿望："很遗憾，你大概只能住在旅馆里了，还是把家具包起来吧。"她回答道："不必担心，我是超人，我一定会找到公寓的。"

她说了以下的话："万能的主啊，为我指出一条道路吧，让我通过它找到一间公寓。"她知道她的任何愿望都会实现，因为"与上帝同在，就是与优势同行"。

她原打算买一条毯子，若是站在理性的法则上："你很有可能租不到公寓，所以你或许根本就用不上毯子。"但她立刻自我肯定："我就要买毯子！"她用这样的行为随时得到公寓做准备，并仿佛已经得到了公寓一样。

最后奇迹发生了，她得到了梦寐以求的公寓。虽然有二百多人要求得到它，可幸运儿正是她。

她买毯子的决心显示了她的信仰：积极主动，毫不动摇。

不必赘述了，那三位国王通过在沙漠里遍挖沟壑找到了充足的水源。

对普通人来说，坚持对事物的渴望而毫不动摇是困难的。怀疑和恐惧等消极思想会影响人们的潜意识。它们是"编外军团"，必须进行整合。这个道理说明了"黎明前是最黑暗的时期"。

在理解了崇高的精神真理之后，人们就会挑战潜意识里的传统观念，剔除"暴露出来的谬误"。

这时，我们应当不停地强调真理，享受快乐，感谢已得到的收获。"在你讲出要求之前，我就已经满足了它。"这句话表明"每一个完美的礼物"都等在那里，等着被人们接受。

人只能得以看见他自己将要得到的东西。以色列的儿童被告知："他们可以得到他们看到的所有土地。这个道理放之四海而皆准，心有多大，舞台就能有多大。每完成一项伟大的盛衰，都依赖于人们开阔的眼界。在成功之前，总会伴随着挫折与失败。"

当以色列儿童抵达"梦想之田"时，他们却害怕走进这片热土，因为他们听说这里到处都是巨人，他们害怕感觉自己渺小如蝗虫。"我们见识到了那里的巨人，就会觉得自己如蝗虫一般渺小。"或许每个人都曾有过这样的感受。

但只要了解了精神法则，我们就不会被表象所迷惑，哪怕被"拘禁"，我们也依然感到欢愉。换言之，坚持开阔眼界，并满怀感激之情，我们就一定会有所收获。

耶稣曾对他的信徒说："别告诉我还有四个月才能收获，一定要坚信不疑，现在就是收获的时候。"他的双眼可以穿透物质，直达第四维世界，看到事物最本质的层面。在神圣的思想中，这些事物都是完美无瑕的。人必须充分认识到自己行程的终点，要求上苍展示给你一定会得到的东西，那可能是完美的身体、爱、源泉、自我表现、家庭或朋友。

这些都是现在的完美观点，存在于人的超意识中，只能利用它，而不能从它旁边错过。

我的朋友张其金曾经给我讲过这样一则故事：

一个人找到我，要我告诉他成功的秘诀。在一定的时间内，他必须在自己的生意上赚到五5美元。期限即将来临，但没有人愿意投资他的企业，银行也拒绝贷款给他，他十分绝望。我说："你肯定是在银行发怒了，同时自己也无能为力。如果你能掌控自己，你就可以掌控局面。""回银行去吧，"我继续说，"我替你解决。"我的解决方案是："你要从心底里认为，你同银行里相关的人在精神上有着爱的关系，神圣的思想会帮助你的。"他回答说："你所说的无济于事。明天是星期六，我的火车10点才到那里，银行12点关门，那是最后期限，太晚了，他们是不会接受的。"

"上帝是不受时间限制的，所以绝对不会晚。相信它，它是万能的。"我回答道，"我对你的生意一无所知，但我相信上帝。"他说："我坐在这里听你讲话，一切都还好，但当我出去后，事情就会变得十分糟糕。"他生活的城市距这里很远，从那之后，足足一周我都没有他的任何消息。但没过多久，我就收到了他寄来的信："你说得真对，我终于赚到钱了，我再也不会怀疑你说的话了。"

几周后，我见到了他，我问他："情况怎样？看来你已经很有钱了。"他回答说："我的火车晚点，到银行时差一刻钟就12点了。我轻轻地走进去，然后说'我来贷款'，他们立即就为我办理了业务。"

上帝给了他最后的15分钟，万能的圣灵水永不嫌晚。这个例子中的人本身是无法办到这件事的，他需要别人的帮助以坚定信心——这就是一个人能为另一个人所做的事情。而这位"拯救者"必须清楚地看到成功、健康和财富，坚定不移，因为他站在旁观者的立场。

帮助他人比帮助自己更加容易。因此，如果感到动摇，我们应当果断地寻求帮助。

一个人仔细观察了生活，他说："如果有人能看到自己成功，他就不可能失败。"这就是眼界的重大意义。很多伟人取得成功都是因为他们有一个好妻子、好姐姐或好朋友，他们信任他，并且这信任坚不可摧!

掌握成功的秘诀

无论你的人生目标是什么，最终都会回到一个观点上，这个观点就是幸福和成功是人们永远的目标。我们所有的人都渴望成功，但只有少数人知道如何获取成功。在这少数几个人当中，亨利·J.凯泽是最突出的一个。他的一生就是一个活生生的例子，他证明了在美国到处都有机会，只要愿意，人人都可以抓住它。以下是他关于幸福和成功的哲学，以及切实可行的成功法则：

要认清自己，并决定下来你想怎样度过一生。记下你的目标并制订达到目标的计划，目标和计划应该富于创造力而且要大胆。如果把你的目标责任制订得太低或是太高，就是在犯错误。

充分运用隐藏在你潜意识、你灵魂内的能量，从你对上帝的信仰中汲取力量。信仰是解码头脑、心灵所蕴含无尽能量的钥匙。信仰将能征服恐惧，信仰将最终帮助你实现你的愿望。

　　爱你周围的人并为他们服务。不管你是做一份简单的工作，还是在经营一家公司，或是做某一项事业，你所做的都是在满足人们的需要。开发新产品、新服务的机会是无穷无尽的，就像人类的创意和欲望一样。

　　发挥出你性格、个性当中好的一面。要想成功你并不一定要有极高的智商，你也不必是什么天才人物的儿子或是女儿。众多调查都表明，在获取一份工作或是想保住一份工作的时候，性格中的优点比技术更重要。

　　努力工作，将你的一生都倾注在确定的目标中，用你的所有追寻你所想要的。

　　漫无目标的飘荡终归会迷路，而你心中本来就有的无限的潜能宝藏也终会因疏于开采而逐渐贫瘠。

　　许多人无法实现他们的人生理想，起因就在于他们从来没有真正定下生活的目标。

　　有一位父亲带着他的三个孩子去打猎。他们来到森林。

　　"你看到了什么呢？"父亲问老大。

　　"我看到了猎枪、猎物，还有无边的林木。"老大回答。

　　"不对。"父亲摇摇头说。

父亲以相同的问题问老二。"我看到爸爸、大哥、弟弟、猎枪、猎物，还有无边的林木。"老二回答。

"不对。"父亲又摇摇头说。

父亲又以相同的问题问老三。

"我只看到了猎物。"老三回答。

"答对了。"父亲高兴地点点头说。

老三答对了，是因为老三看到了目标，而且看到了清晰的目标。

朝着一定目标走去是人生之"志"，一鼓作气，中途决不停止是立世之"气"。两者结合起来就是志气。一切事业的成败都取决于此。

播种目标的种子，要求你所追求的理想目标应当详细而明确。漫无目的地播撒目标，或者连自己都无法确定目标的人，只能是个失败者。

生活中最令人头疼的难题之一就是如何去帮助那些胸无大志、故步自封的人，他们对天性中积极向上的一面尽量给予压制，也缺乏足够的进取心去开创全新的事业，即便是开了一个头，也只是三天打鱼两天晒网，缺乏持之以恒的精神，缺乏一个详细而明确的人生目标。

　　自己无法下定决心迈向目标，亦即自己无法掌握明确目标的人，是绝对不可能成功的。

　　只有那些不满足于现状、渴望点点滴滴地改进自己、时刻希望攀登上更高层次的人生境界，并愿意为此挖掘自身全部潜能的年轻人，才有希望达到成功的巅峰。

　　胜者具有明确的人生目标，败者则相反。如果我们不知道现在正往哪里走，怎能指望到达目的地呢？

　　在事业开始的起点，懂得确立每一个里程的目标，绝对是极其重要的。没有大到不能完成的梦想，也没有小到不值得设立的目标，只有朝着确立的目标前进，才能有成功的希望。

　　记住这样一句人生告诫吧："立志是一件很重要的事情。"事业随着志向走，成功随着目标来。这是一定的规律。立志、追求、成功，是人类活动的三大要素。

　　世界一流效率提升大师博恩崔西说："要成功最重要的是知道自己究竟想要什么。成功的首要因素是制定一套明确、具体而且可以衡量的目标和计划。"

　　我们每个人都渴望成功，都渴望实现财务自由，都渴望干自己想干的事，去自己想去的地方。但是要成功就要达成自己设定的目标或是完成自己的愿望。否则，成功是不现实的。成功就是实现自己有意义的既定目标。在这个世界上有这样一种现象，那就是"没有目标的人在为有目标的人达到目标"。因为没有目标的人就好像没有罗盘的船只，不知道前进的方向，有明确、具体的目标的人就好像有罗盘的船只，有明确的方向。在茫茫大海上，没有方向的船只只有跟随着有方向的船只走。

有目标未必能够成功，但没有目标的人一定不能成功。博恩崔西说："成功就是目标的达成，其他都是这句话的注解。"顶尖成功人士不是成功了才设定目标，而是设定了目标才成功。

要想成功，凯泽建议你这样对自己说："我要制订一个计划并以实际行动来实现我的目标。我要验证我对自己、对我的同胞以及对上帝的信心。我要开发出我自身的潜力、用我全部的体能和精力热爱并帮助人们。我会知道我将能得到的真正的幸福和成功。"

凯泽先生非常与众不同，这并不是因为他很富有，事实上正是他在性格与他所信奉的哲学上的与众不同才使他变得富有。他的人生观是积极的、建设性的、易于接受变化。他不会说："试一试吧，或许你会成功。"他会说："努力去做，你就会成功。"

　　认识你自己，运用你的力量，去爱别人，帮助别人，发挥出你性格中的优点，努力工作。这些就是确保成功的法则。

成功照亮人生

成功是一个系统，而不是一个秘密。

成功的梦谁都做过，成功的路谁都想去走，成功的山峰谁都想去攀登，但真正能够到达峰顶的人，走过成功路的人却极少。

一个人成功的前提是具有百折不挠的精神，要想着即使屡战屡败，也永不言败，因为我相信挫折打不败信心。

拿破仑·希尔就曾经对自己的员工这样说过："千万不要把失败的责任推给你的命运，要仔细研究失败。如果你失败了，那么继续学习吧！可能是你的修养或火候还不够的缘故。你要知道，世界上有无数人，一辈子浑浑噩噩、碌碌无为。只有那些百折不挠并牢牢把握住目标的人，才真正具备了成功的基本要素。我的公司就需要这些为大目标而百折不挠的人。"

是啊，通向成功之路并非一帆风顺，有失才能有得，有大失才能有大得，没有承受失败考验的心理准备，闯不了多久就要走回头路了。要知道失败并不可怕，关键在于失败后怎么做。学会正确对待失败的态度，你才能在充满艰辛的征途中勇往直前。

当我们面对挫折时，首先需要控制自己的情感，最重要的是要转变意识，纠正心理错觉。在想不开时换个思路，想开一点：为什么倒霉的事情可以发生在别人身上，而绝不会发生在你的生活中呢？毫无疑问，世界上有许多美丽的令人愉快的事情，也有许多糟糕的令人烦恼的事，却没有一种神奇的力量只把好事给你，而不让坏事和你沾边，当然也没有一种神奇的力量把好坏不同的境遇完全合理地搭配，绝对平均地分给每个人。一个人如果能真正认识到自己遇到的不如意的难题，不过是生活的一部分，并且不以这些难题的存在与否作为衡量是否幸福的标准，那么他便是最聪明的，也是最幸福和最自由的人。

愿望不等于现实，在这点上，人生如同牌局。如果你已经遭受苦难和面临意想不到的压力时，即使委屈等待，下一步也不一定就会时来运转。如果连续抛10次硬币，每一次都是反面向上，那么第11次怎么样呢？许多人会认为是正面，错了！正面向上和反面向上的可能性仍然一样大。如果没有必然联系、因果关系，那么一件事发生的概率是不受先前各种结果影响的。

当然，人生之中的挫折大多是难以避免的，但很多人由于心态消极，在心理错觉中导致心理推移这一点上是自寻烦恼。他们一旦陷入困境，不是怨天尤人，就是自我折磨，自暴自弃。这一切不良情绪只能为自己指示一条永远看不到光明的"死亡之路"。印度诗人泰戈尔说得好："我们错看了世界，却反过来说世界欺骗了我们。"

如果你认为困境确实是生活的一部分，那么你在遇到它时沉住气，学会控制自己的情感，凭着勇敢、自信和积极的心态，乐观的情绪，就一定能走出困住自己的沼泽。

美国《独立宣言》开篇就说："人人生而自由平等。"可是在现实生活中，大多数人并不相信这句话。比如，一个富人家的孩子，一出生就被保姆、医生和家庭教师所包围，从小接受良好的教育，长大后又顺利进入名牌院校，并且一工作就能获得不低的收入和显赫的地位。而那些穷孩子，从小就缺衣少食，每天一睁眼就得为生计而奔波，更无法接受正常的教育。这怎么能说所有人生来就是平等的呢？

事实上，他们确实是平等的。他们拥有同样的发展自我的途径，也拥有展示自我的同等机会。他们具有同等的精神力量，能产生同样的威力，他们都可以支配这个世界。

很多年以前，在前往巴拿马的船上，有一个名叫吉姆·塔利的人。他流浪多年，自称"流浪者之王"。他怀揣着远大的志向，决定去接受教育。他有特别丰富的想象力，当时已经开始试着把自己的生活经历写成小说。他把自己所经历的事情当作一种享受，将自己的流浪生活戏剧化，最终成了一名成功的作家。他的作品有一本名为《从外面往里看》的书，被拍成了电影。如今，他声名远扬，非常富有，并在好莱坞生活得很好。

那么，什么是吉姆·塔利成功的秘密通道呢？在船上的时候，朋友和他有机会坐在同一张桌子进行了交谈。从谈话中朋友感受到是他对自己的生活充满兴趣，使自己成为流浪者中的成功人士，才能将自己的生活戏剧化，从而达到成功的彼岸。

吉雷斯·期通夫人是《颜将军的伤心茶》的作者，她即将去好莱坞把这本书改编成电影，她也是船上的乘客。她常年生活在中国，这激发了她写这本书的灵感。

自己觉得有趣，别人才会觉得有趣。"你做的事情在别人眼里是有趣的。"这就是成功的秘诀。

所以说，一个有志于成功的人，只要保持自己对工作的浓厚兴趣，就能打开通往成功的秘密通道。

第四章

成功的力量

成功的内在要求

内在的力量才是我们握有的最强有力的武器啊，掌握情绪，品味人生！当你发现自己拥有了无穷的力量，当你通过实践证明了自己凭借这股力量终将战胜困境，从而自觉地认识到这股力量的存在，你就可以做到无所畏惧。这时，你将视恐惧为粪土，并拥有与生俱来的才能。

当你在人生河流上踽踽独行时，你可能面对独自作出决定的境况，这未必是坏事，因为不管处境有多艰难，只要你勇于从过往中汲取经验，就能积累宝贵的知识，为你做出更好的决定助一臂之力。如果有成功人士能够与你坦诚交谈，你就会明白他们之所以有今日的成就，就是因为曾经做过更为糟糕的决定。经常有人在研讨会上问我："在你看来，我还要多久才能走向成功？"于是我问他们，你们在成功路上是否领会了以下要点：

　　要点一，成功与失败是事物发展的两个轮子，失败是成功之母，是成功的先导。这些话可以说人人皆知。但在实际生活中，只有不怕挫败、屡败屡战、百折不挠的人，才能真正领会它的含义。成功，需要我们具备挑战挫折的勇气。

　　要点二，坚持就是拓进，就是遇到困难绝不放弃的韧劲儿。真正的成功就是永不放弃的决心。

　　要点三，勤奋是成功的保证，也是一种美德。如果你永远保持勤奋的工作状态，你就会得到他人的认可和称赞，同时也会脱颖而出，得到成功的机会。

　　要点四，对我们而言，无论做什么事情，都要记住自己的责任，无论在什么样的工作岗位上，都要对自己的工作负责。成功，需要我们具有责任心。成功源于责任。

　　之所以列举出了上面四个要点，因为我知道，成功所必需的品质：勇气、决心、勤奋、责任心。这也是成功对我们的内在要求。

　　由此可见，生活态度决定生活境遇。如果不求上进，我们终将一无所获；如果积极进取，我们就会收获更多。只有不敢坚持自己的主张，世界才会变得残酷无情；只有无法捍卫自己的想法，世界才会给予谴责和发难。很多人就是因为害怕受到谴责，才会永无出头之日。

世界上，没有什么事情是能一蹴而就的，都需要我们做长期而艰苦的斗争。成功，也不会因为我们的目标是志在成功，它就撒着欢儿跑到我们的怀里来。先知穆罕穆德叫山过来，山没有过来。于是他说："你不过来，那我过去。"

既然成功不会因为我们对它的渴望，而迁就我们。那我们只好迁就它，撒着欢儿奔它而去。那我们在前往成功的路途上，应该怀揣一种什么样的心态呢？

在现代社会里，人们有更充裕的金钱追求物质享受，也正是因为如此，工商业界也需要更多有创新意念的人，来创造更多新的能够赚钱的东西。

在生活中，有待改进的东西太多了，比如说如何使沙发坐起来更舒服？如何使衣服穿起来更舒适、更好看？如何使吃的东西美味可口更方便？……这些改进一旦成功，就是金钱和财富的源泉。

要知道，一个人从失败走向成功，从贫穷走向富裕的时间是充满跳跃性的，今天你是一个贫穷得身无分文的人，说不定在过了一段时间后你就是一个腰缠万贯的人，成为人们羡慕的新百万富翁。

当然，这些新的百万富翁的致富方式与老一代的百万富翁已经大不一样了：他们靠思想致富，他们致富很快，财富迅速地以几倍、几十倍，甚至上百倍的速度升级，他们致富显得很轻松，好像不知不觉间就成了富翁。

雅虎公司的股价在三年中几乎上升了80倍，市场价值狂飙至345亿美元，而苦心经营数十年，实力雄厚的联信市场资本总值也不过347亿美元。

亚马逊公司的股票在短短两年内上升了45倍，市场价值高达230亿美元，而历史悠久、大名鼎鼎的美国制铝公司市场资本总值也才刚好230亿美元。

为什么会这样呢？那是因为像雅虎、亚马逊这样的公司，一直都在创新。要知道，在思想的竞争面前贫富机会均等，而不是靠财富所能产生的。

只有能赚钱的创新意念，才是大多数人创造财富的一条通路。创新意念是白手赚取金钱的最厉害而有效的捷径。

不要怀疑你自己的创新能力，我们一般人的创新意念大都潜伏在脑海的深处，不太容易被发觉。因此，很多人浑浑噩噩地活了一生，不仅不知道如何去运用自己的思想创新，甚至于不知道自己有这种才能。

可能你听说过这样一个故事：一个牧羊的孩子，时常因为羊丢失而被责罚，结果他发明了铁丝网，变成了一个富翁。

另外还有一个大家熟悉的故事：一个修钢笔的工人，在贫穷的煎熬下，冥思苦想，发奋创新笔型，结果他创造出自来水型钢笔。这就是派克钢笔诞生的故事。

类似这样的故事很多，然而它们都有一些共同点：一个创新意念的诞生，不是被困难所迫，就是被困难所阻；不是满脑子都是幻想，就是爱钻牛角尖。

由此可见，创新意念的诞生，需要外在的刺激和内在的激发，不是平平常常就能够冒出来的。

一般平庸的人都没有什么太大的愿望，只想温饱，平平淡淡地过一辈子。这样的人，很少会有新的意念诞生；另一些人，自小生活在富裕的环境中，一生丰衣足食，根本不必去用大脑思考，这种人也难以产生新的意念。

什么样的人能激发出自己的创新意念呢？如果你内心的赚钱愿望越迫切，则产生新意念的可能性就越大。如果你迫切地想摆脱贫穷，你必然会想得出一些致富的途径。

所以，我们一定要学会辨别真正的力量。大家应该为意识建造坚实的基础，辨别那些由永恒源头而来的力量，即宇宙精神，人类的言行举止都是这股力量的反映。

如果用哲学解析的话，《出埃及记》第五章，就是我们日常生活的生动描写。

以色列的后人受到暴君埃及法老的奴役。法老把他们当作奴隶，让他们辛苦地制作砖块，并憎恨和歧视他们。摩西在上帝的意志下拯救他们——"摩西和阿伦觐见法老，说以色列的神，召唤子民离开，在旷野为神祭祀"。

法老拒不放人，并威胁让他们工作更加繁重：他们必须在没有稻草的情况下制作砖块。"埃及官员们对以色列后人说，法老说了，不会给你们制作砖块必需的稻草。说完后，就随着法老一起离开了。"

"去寻找稻草吧，否则你们的工作无法完成。"

没有稻草根本无法制造砖块。以色列的后人受到虐待，他们因无法制造砖块受到毒打。耶和华启示他们"现在去工作吧，即使没有稻草，你们会创造出大量砖块，并让这个神话流传后世"。

受神圣法则庇护，他们制造了没有稻草的砖块，完成了不可能的任务。

生活中我们也会遇到这样的境遇。

艾格尼丝·劳森在她的《圣经启示》中说："在埃及受外来压迫的生活象征着人受消极思想、骄傲、恐惧、怨恨、邪念等的影响。摩西传达的是超脱压制的自由，因为他理解生活法则，这也是我们唯一可获得上帝垂青的方式。想要实现法则就要先去了解它。"

《诗篇》第111章的最后一节说："敬畏耶和华是智慧的开端。凡遵循他命令的，皆是明智的人。耶和毕是永远应当赞美的。"

现在，如果我们读到"上帝（法则）"这个词，我们就明白这句话的关键。

对法则的敬畏（因果循环法则）是智慧的开端（对上帝本人，而不是"上帝"这个词的敬畏）。

"种因得果"，它有时会引起我们对"因果报应"的恐惧。

我从一份医学杂志上读到了这位法老得到的因果。

蒙亚汗爵士在利兹的演讲中提及，来自远古的疾病会在肉体中传承。他用幻灯片展示了一些1000多年前"外科手术"的照片，其中有一张就是这位暴君法老的解剖图片。图片显示了这位暴君法老承受着严重的心肌硬化的折磨。

"由于从心脏中输出血液的血管保持完好，所以才能选取一部分做成幻灯片进行展示。与现代病人的切片对比时，我们发现它很难与现代血管区分开来。因为两个心脏都有动脉粥样化症状，这种病症会造成血管中钙盐沉积，从而导致血管僵硬无弹性。"

于是，法老的狭窄心胸间接导致了他的心肌硬化。

前景黯淡时，人们对事业局限的恐慌也会导致心肌硬化。

这在今天和在数千年前一样真实——即使我们已走出埃及，摆脱了枷锁。但疑虑和恐惧会奴役你，让你面对无望的境地。你该怎么办？这也是无米之炊之局。

请记住耶和华的启示："现在去工作吧，即使没有稻草，你们也能创造出大量砖块。"

没有稻草你也能制造砖块，因为上帝会在绝境中为你指明道路。

如果你偶有怨恨和嫉妒，那就这样说："上帝给别人的，一样会给我，而且给得更多。"

成功从内在的改变开始

下面是"神经语言学家"罗宾斯认识内在的改变的过程，他这样讲述道：

从我有信念开始，我一直希望自己能够有能力帮助他人改变人生。基于此，在很早的时候，我就深刻地意识到要想改变他人，必须得从改变自己开始。因此早在初中时期，我便开始涉猎各种能够改变人们情绪及行为的知识。

自然，我希望可以改变自己，朝着我希望的方向前进：前瞻主动、持之以恒、言出必行；学会享受生活，与人交往。那时候没有明确的目标，只是当我与大家分享的那些知识，可以对他们的生活品质产生举足轻重的影响，而他们也对我赞赏有加乃至亲密友爱时，我就心生喜悦。因此，在那一段的学生时光里，我以"解惑之人"闻名校内，如果同学有问题，他们就会来找我，因而我颇受大家的欢迎与尊重。

所知越多，求知欲就会越强烈，了解如何去影响人们的情绪和行为成为我的追求。我参加了速度课程，并广泛涉猎各种书籍，在短短几年的时间里，我阅读了将近700本书，内容涉及人类发展、心理学、影响力和生理学等各大领域。只要是有关于如何提高人生品质的一切知识，我几乎都不放过，并尽可能立即运用到自己身上，同时也把心得与其他同学分享。

学无止境，我一直保持阅读习惯，并开始听激励人生的磁带。进入高中后，我就把零花钱省下来去参加各种有关于个人成长的研讨会。可是，没过多久，我就对这种课程感到厌倦，它们的内容都大同小异，没有什么新鲜的观点。

就在21岁生日后不久，我接触到了一系列可以迅速改变人生的方法和学问，其中包括格式塔疗法催眠、艾瑞克森以及神经语言程序学。这些方法可以几分钟内让人发生真正的改变，而在过去，这种改变需要几个月、几年乃至几十年。我兴奋不已，于是下定决心愿以毕生之力学好这些学问和技巧，而且只要一学会，我就能立刻加以运用。

我永远都不会忘记第一次接触到神经语言程序学课程的情景，我看到它竟然能在短短的一小时之内就治愈了让患者困扰已久的恐惧症状，而传统的方法则需要五年甚至更长的时间才能见效。到了第五天，我就向班上的心理学家和精神病医师们宣告："同学们，让我们去给那些恐惧症患者治病吧！"他们像看疯子一样看着我。这也难怪，毕竟我没有接受过高等教育，而这个课程只有学满半年、通过了考试、领到了证书以后，才可以去使用这套方法。

然而我已经等不及了！于是借助广播和电视，我开始了个人的事业，从加拿大开始，然后再到美国。每次我都告诉人们这套方法可以令他们获得改变，扭转人生，不管是什么样的消极习惯、恐惧症状还是低落情绪，都可以在几分钟内痊愈——不管这个病症存在了多久、病人已经拜访了多少医生、治疗了多长时间。

这个观念很激进吗？也许。不过我确信所有改变都能马上做到。大多数人总是要等到"万事俱备"的时候才下决心去改变，而实际上，如果我们们能够真正了解大脑的运作方式，我敢保证可以抛弃无休止的分析过程，不必拘泥于"为什么这事发生在我身上"的追问，只要稍微改变一下痛苦和快乐的神经链，就能立刻改变我们的人生。我这样一个毛头小子，只是一个高中生，无学历可夸，没有博士学位，经常在电视上讲述这套道理，与传统的精神治疗相悖。于是，一些心理医生和心理学家开始抨击我，有的批评言论甚至上了广播。

在我的观念里，要想成就一番事业，需要遵守两大原则：一要具备专业素养；二要勇于迎接挑战。对于自身的专业素养，我一直颇具自信，我所拥有的高超的知识和技巧非常管用，这些知识和技巧有我对于人类行为的深刻了解为基础，相比而言传统的心理医生就逊色于我；同时我也相信我和我的团队勇于接受挑战，找出扭转之道。

在此期间有一位心理医生对我的攻击最是厉害，他指责我是个江湖郎中、十足的骗子。为了向大众证明我的清白，我向这位医生的指控挑战，请他交给我一位多年没有治好的病人试试看。这个请求可能有些过于唐突，一开始他并没有答应，最后我用了一点儿小技巧，使他同意请一位病人亲自到我的研讨会来，当着大庭广众之面给她治疗。不到15分钟，她多年来对蛇的恐惧霍然化解，而在此之前她已接受那位医生治疗了七年之久。这个效果不仅使得那位医生大为惊讶，而尤其重要的是从此我对这套方法更有把握，接下来我简直疯狂似的在全国各地举办演讲会，告诉人们如何在很短的时间内改变自己。我发现每次开场之初，去参加听讲的人总是抱着怀疑的态度，可是等我做出了实际的成绩后他们都深为赞叹，不仅想学这个技巧同时还想用在自己身上。

　　有了这次经验之后，我对这套方法更是有把握，每天像个传教士一样风尘仆仆地在全国各地推广，鼓励人们来改变自己的行为或情绪，往往不到30分钟便可见到成效。随着我越来越成功，所招来的攻击也就越多，然而我并未退缩反倒更积极地推广，甚至于办起研讨会并公开执业帮人治病。头几年里每四个星期中我差不多就有三个星期奔波于全国各地，把自己所知道的一股脑地全告诉有心想改变的人，而结果也都让人满意，慢慢地那些心理治疗专业医师也停止了对我的攻击，甚至于部

分人也对我这一套产生兴趣，均表示要学习这一套方法并加以
运用，让人生获得改变。

　　大约在四年半之前，我在旧金山有一次演讲会，当时正
是《激发无限的潜力》出书不久，会后有些人围着我给他们
的书签名，就在人群快散去时有一位先生走到我的跟前，说
道："罗宾斯先生，你还记得我吗？"说实在的，我一个月差
不多要见数千个人，对于他实在是没什么印象。接着，他又说
道："没关系，你再想一想。"再仔细地端详了他几眼后我终
于想起来，但没十分把握地问道："你是不是来自纽约？"他
点点头道："没错。"接着我又问道："我曾给你做过治疗，
帮你戒掉了烟瘾，是吗？"他又点了点头，我舒了口气说道：
"噢，那已经是好一段日子之前的事了，你还好吧？"他没答
话，从裤袋里掏出了一包万宝路香烟并点燃了，然后带着一丝
嘲弄的口吻说："你失败了。"

　　他这一举动对我的信心伤害很大，毕竟我的事业是建立在
真正能够帮助人们改变上，而我也一直相信所使用的这一套学
问及方法绝对有效，但这位先生却说我的方法没效，我不由得

怀疑是不是什么地方我没有做好？还是我过于自我膨胀，其实自己的能力并没有那么强？思量一会儿之后，我问了自己这个问题：这件事对我是个什么教训？它有什么意义？"这到底是怎么一回事？"我不解地问道，其实心里还真希望他告诉我是在一个星期之后烟瘾再犯而受不了所致，可是令我失望的是他是在治疗之后二年半才又开始抽起来的，而我当时只用了不到半个小时便帮他戒了烟。他后来告诉我是一时兴起想来根烟试试，没想到这一试就难以自拔，如今又回复到过去一天四包烟的记录，他之所以怪我乃是因为烟瘾并未根治。

他的话倒给了我一点启示，今天我所仗恃的是因为懂得"神经语言学"，当人们的行为或情绪有了问题就可以到我这里来，而我也能够给他们治好，然而这并不表示他们从此就不必负责。虽然我十分有心去帮助他们改变，然而我却犯了一个大错，不该把别人的改变视为是自己绝对的责任。如果我把人们的改变视为是自己的责任，那么那些曾接受我治疗的人就不会对自己负责，而当他们若再恢复旧有的行为或习惯时，就会很自然地把责任推到我的头上。一个不能对自己负责的人是不可能改变的，而新的行为也不可能产生。

　　由于这一层新的认识，我决定在神经语言学课程中加进自我负责的意义，而"调正"这个字眼就出现了。就在我有这个念头之后没几天家中发生了一件事，这使得"调正"的意义在我的心中变得更实在。那是内人请了一位调音师到家给孩子的钢琴调一调音，这位调音师还真是个能手，只见他很仔细地锁紧了每一根琴弦，使它们都绷得恰到好处，而能发出正确的音符。当他完成整个调音工作后我问他要付多少钱，他笑一笑答道："这不急，等我下次来的时候再付吧！"我不解地问道："下次？你这是什么意思？"他说："明天我还会再来，然后一连四个礼拜每周来一次，再接下来每三个月来一次，共来四次。"

　　他的话弄得我一头雾水，不由得问道："你说什么？钢琴不是已经调好音了吗？难道还有问题？"他清了清喉咙说道："我是调好音了，可是那只是暂时的，如果琴弦要能保持在正确的音符上，就必须继续调正。所以我得再来几次，直到这些琴弦能始终维持在适当的绷紧程度。"听完他的话我不禁心里叹道："原来还有这么大的学问！"那天我着实是上了重要的一课。同样的道理，如果我们希望改变能维持长久，那就得像钢琴的调音工作一样。一旦我们有了什么样的改变就得立即强化，这种强化的工作不能只做一次，而得持续做到改变后的行为在神经系统中定型为止。譬如说你不能因为做过一次有氧运动便以为身体强壮了、健康了，同样，一时的改变并不就表示从此便没有问题了，你还得继续做调紧的工作，直到这个改变能成为自发性行为，那才算是改变成功。

　　人类的一切行为都是为了逃避痛苦和得到快乐，借着这股力量可使我们旧有的行为改变，也可以帮助新行为定型，使你一改过去因循度日的消极习性，振奋而起并拿出追求美梦的行动。

成功的外在要求

外在世界只有成功这种东西值得追求，而其他的都能在内在世界中找到。找到它们的秘诀很简单，只能通过合适的"途径"，与宇宙万能力量建立联系即可，而每个人天生都具备这种能力。

我们已经知道，一切生命和力量皆源于内在世界，这是不争的事实。外在的环境，人和事也许会显示出机遇和需求，但内在力量却能产生相应的力量，让你抓住机遇，满足需求。

获得了精神遗产的人，定能让生命重新焕发生机。这些人会拥有无上的力量，不再懦弱、犹豫和恐惧。他们能与无限力量建立联系，激发出内心的潜在力量，而能拥有这些力量是从前人类想都不敢想的。

这股力量由内而生，使用并占有它是我们获得这力量的唯一方法。个体是宇宙力量得以释放的管道。如果管道堵塞，我们就无法获得新能量，这是无可争辩的事实。付出和收获是成正比的。运动员要想让自己更强壮，就必须花费更多的精力投入训练。商人要想积累更多的财富，必须先投资再收获，因为只有使用已有的钱财，才能生出更多的财富，才能获得更大的成功。

要想耕田种地，你必须弄清农具的操作原理；要想开动汽车，你必须明白汽车的操作方式。不过，多数人对宇宙中最伟大的装置却一无所知。这一装置就是人脑。

让我们先来研究一下人脑的神奇之处。或许，对它作一番了解之后，我们能更好地理解它的运作流程。

首先，我们都在一个巨大的精神世界中生活、行动和生存着。这个世界是无所不知、无所不能、无所不在的。根据信念的强弱以及目标的高低，精神世界会对人的欲望做出回应。你的目标应该与人类的生存法则协调一致。也就是说，你的目标应该是具有建设性和创造性的，而你的信念应该强大到足以实现自己的目标。

再美丽的花朵，当它还是土壤里的一粒种子时，都需要春风夏雨的滋养。那我们成功的梦想，还只是我们心里面的一粒种子时，对外部又有些什么样的要求，以使它自己能更快速、更顺利地发芽、生长？

没人能一步登天，成功也不是可以一蹴而就的。它需要我们一步一个脚印地跋涉。同时，生命赋予我们的时间又是有限的，这就要求我们必须行之有效，必须尽可能地少走弯路。这样，我们才能在有限的时间里获取成功。要不然，我们就只好让驶往成功的大船搁浅在沙滩上。正如鲁迅先生所说："节约时间，也就是使一个人的有限的生命更加有效，而也就等于延长我们的生命。"

准备充分、心态端正的两个人，对于同样的一件事，为什么会有成功和失败之分呢？李伟认为："最伟大的生命，往往是由最细小的事物点点滴滴汇集而成的。"成功，往往也是在细微之处见成败的。

一位极普通的女孩，大专刚毕业。一天，她去一家外资企业去应聘。经理拿过她的简历，只扫了一眼，然后面无表情地拒绝了她。女孩收回自己的简历，站起来正准备走，突然感觉手被什么东西扎了一下。她看了看手掌，上面已经沁出了血珠。原来是凳子上一个钉子露在外面，把她的手给扎破了。她见桌上有块镇纸石，便拿过来用力把钉子压了下去。然后，她对经理微微一笑，说声告辞便转身离去了。几分钟后，经理派人在楼下追上了她，并告诉她，她被破格录用了。

由此可见，我们要想成功，尤其要注意我们必须拥有一个坚定的信念，而这个信念就是带领我们走过那些艰难的日子——神的迟到，并不等于神的拒绝。在短期内貌似绝望之事，长期来看，只要坚持不懈，都有成为现实的可能。为了成功的目标，我们需要长远的思考。我常常把人生的起伏比喻为四季的更替。四季更替，犹如人生播种、收获、休耕和解冻复苏的循环过程。寒冬不是最后的归宿，即便你今天受困，也不能失去对春天的向往。在冬天，有些人选择沉沉冬眠，有些人则选择雪橇和滑雪。与其静静地等待季节流逝，何不让它变成值得怀念的时光？

记住：信心是一种精神状态，它是靠着调整你的内心去接受无穷智慧的方法而发展成的。

信心是使无穷的智慧配合你明确目标的一种适应表现，信心是成功的发动机，也是将你的想法付诸实现的原动力。

无论你的内心所怀抱着的意念或信仰是什么，它都可能成为事实。因此，不要在通往信念的路上设制障碍。就像当阳光透过三棱镜时，会变成多道光束一样，当信念通过你的内心时，也会绽放出不同的光芒。

那些消极念头，诸如不可能成功、不要去做、成功之障碍重重和有些事注定不能成功，等等，都是思想中的缺陷。这些缺陷足以扭曲并且分散信念的力量。如果你因此关闭了信念的大门，你将永远无法享受到它的好处。

你无法骤然告诉自己，你有信心并且希望马上出现好的结果。信心是一种必须经过培养的精神状态。

每天腾出一小时的时间，来思考你和信心之间的关系，找出可以在你的生活中通向信心的方向。

先清除在你内心的各种消极思想：缺乏、贫穷、恐惧、疾病和不和谐，然后建立一个明确目标，并且毫不犹豫地立即开始执行。

如果你以信心为基础制定的计划需要其他人的合作时，那就务必要找到合作的人，这些人不会自己跑来找你的。

如果你的计划需要资金，你就必须尽全力去找寻投资人，不会有人把钱主动送上门来的。你必须把你的信心运用到实际中去。

当你达到一个目标之后，再设定一个新目标，但切勿因为达到目标就感到自满。

比尔·盖茨创设了供应世界70%电脑操作系统软件的微软公司。在他35岁之后，他的公司就已经发展成比麦当劳、迪斯尼和CRS还要大的企业。但他从此就停止进步了吗？

不，他仍然不断地设想为自己和公司扮演什么样的新角色。他在37岁那天，开始提供一种可以使办公室内的所有机器都能连贯作业的系统：电话、传真机、电脑全都能一起工作。他成功地说服AT&T和IBM等大型企业加入他的行列，共同开发并且生产这一重要的系统。

你将会达成自己设定的目标。如果你的祈祷词是感谢你已经拥有的幸福，而不是要求你没有的东西时，你将能够更快地得到成果。

关上通往怀疑的门之后，你会很快地看到通往信心的大门。增强信心是一段费时而且需要奉献的历程。你在这方面的努力是无止境的，因为所能运用的力量是无限的，所以努力而获得的回报也是无尽的。

成功是一个过程

在我们的生命之旅中，我们一定要明白成功永远是一个过程，而且没有终点，在这个过程中，我们不要去抹杀自己的个性，要让自己的能力全然发挥出一种激发潜能的状态。我们会因机运而绽放耀眼的光芒，所以越早找到适合自己性情的工作，就能越早获得成功。

"成功是什么？它是一时的，还是永恒不变的？"实际上成功不是最终的结果，而是一个不断进行的过程，是一段"向前走"的旅程。但是，这段旅程并非一条平顺的直线，它忽涨忽落，时断时续，有起有伏。我们可能第一天觉得一帆风顺，第二天也事事如意，第三天倒霉透顶，但到了第四天，好事上门，我们又觉得无往而不胜了。这就是人生！

在通往成功的道路上，注定会有许多难以意料甚至想象不到的挫折和困难。这是必然的，也正因为这样，成功才永远那么灿烂无比。当我们踏上通往成功的荆棘之路时，首先得做好永不放弃的准备。

追求财富不是一件容易的事，对老实人而言尤其如此。因此，一旦选择了这条路，就要勇于坚持。对老实人而言，还要学会变通，随时根据形势的发展调整自己的方向。

任何事物都有两个方面，有的人由于坚持而终获成功，而有的人却因为坚持而一生失败。这是什么原因？归根结底一句话，就是目标确定的问题——如果你一开始就认定了正确的目标，坚持就会带给你成功，否则，越是坚持，你就离成功越远。

所以，聪明的人在奋斗的过程中，必须时刻思考并验证自己的目标是否正确。如果发现自己的目标是错误的，那就不能再坚持，必须立刻撤退——也就是改变目标，重新干起来。

否则，你终其一生，只不过干了一件没有结果的蠢事。那对于一个内心充满成功欲望的事业家来说是过于悲惨的结局。

随时准备改变目标。这一方面指改变自己的事业目标，使之趋于正确；另一方面，也指改变事业进程中某个阶段或某个局部的方式和思路。

世界上著名的企业清理专家（负责处理企业破产事宜）柯

克曾经警告企业家说："你们不要太热爱自己的产品。"柯克
说这句话的意思是，任何一个企业家都不要太自以为是，认为
自己选定的目标是百分之百正确的，从而把全部人力物力都投
进去——万一目标错了——使自己落得个不可收拾、一败涂地
的结局。柯克的思想并不保守，而是冷静——他希望每个人都给
自己留一手，永远处于进退自如的境地。

　　这是一个痛苦的过程，也是一种不凡的胆略：不管是为了
正确的目标苦苦坚持，还是发现原有目标错误毅然地撤退——
咬紧牙关把已经消耗的人力物力无情地放弃。可是，你如果真
的做到了这一点，你就已经成功了。

　　变革与保守永远是相对而言的，如果不加分析，只执一
端，不论怎样都是一种偏执。成功之路就如化蝶，而化蝶的本
质揭示了一个基本的道理，失败是我们成长的必需经历，也是
成长规律的一部分。因此，成功总是通过失败，通过痛苦来体
现的。而在失败的过程中也不能提前终止痛苦，甚至不能替
代。如果想要飞，就不能放弃在茧中的挣扎。同样，人要成功
就不能放弃在命运轮盘中的挣扎，只要挣出了魔鬼的手就能拥
有自己的天空。

　　日本有句谚语叫作"滚石不生苔"，美语中也有类似的说

法。但日本谚语中的所谓"滚石不生苔"是指不在一个地方稳定下来，而一直四处打转的话，就不会得到现实的收获。这里的"苔"指的是经验、资产、技巧、信用等。

但美语中这句话的意思完全相反。它是指一直转动的石头才不会黏附青苔。这里的"苔"指的是僵化的思想和行为模式。对于有能力，一直创新进取的人而言，保持现状就意味着发霉。

由此可以看出，美日之间对于换工作的看法差异竟是如此之大。这既反映出东西方特有的文化差异，也反映了面对改变工作时人们的矛盾心理。

美国著名半导体公司得州仪器公司的口号是"写出两个以上的目标就等于没有目标"。这句话不仅适用于公司经营，对我们自己也有很大的帮助，我们知道"很多年轻人事业失败的一个根本原因，就是精力太分散"。这是戴尔·卡耐基在分析了众多个人事业失败的案例后得出的结论。

事实的确如此，许多生活中的失败者几乎都在好几个行业中艰苦地奋斗。然而，如果他们的努力能集中在一个方向上，就足以使他们获得巨大成功。

我们知道，一个人只要从事适合自己的工作，不仅能心情愉快，还会对工作乐此不疲，创意与精力源源不断，同时也能从每日的工作中发现自己的进步。

一个农场主对他新雇来的帮手杰罗克说："杰罗克，你看看这儿，你这种犁法是不行的，你都犁歪了，在这样弯曲的犁沟中，玉米会长得很混乱。你应该让你的眼睛盯住田地那边的某样东西，然后以它为目标，朝它前进。大门旁边那头奶牛正好对着我们，现在把你的犁插入土地中，然后对准它，你就能犁出一条比较直的犁沟了。"

"好的，先生。"

十分钟以后，当农场主回来时，他看见犁痕弯弯曲曲地遍布整个田野。

"停住，停在那儿！"

"先生，"杰罗克说，"我绝对是按照你告诉我的在做，我比较直地朝那头奶牛走去，可是它却老是在动。"

这个故事给了我们什么启示呢？之所以会发生这种情况，主要是因为工作与目标、工作者与性情不同而造成的。从工作与目标来看，因为目标总是在变动，于是杰罗克就不得不为了变动的目标而疲于奔命，这是一种没有目的、缺少头脑，而且非常笨拙的工作方法。这种行事方法除了招致失败以外，还能带来什么呢？从工作者与性情来看，这是一种适应性的问题，每个人的能力多寡，多少会有些差异，这一点确实无可否认，但能力却可能因为好的环境而发挥到最大极限。试想，有这样一个人，他只有一种技能，但是，他把自己所有的力量都集中于一个毫不动摇的目标之上。而另外一个人，他很有头脑，但把他的精力分散开来，而且从不知道接下来该做什么，我们可以这样断定，前者将会取得更多的成就。没有任何东西可以代替一个专注的目的，教育不能，天分不能，勤奋不能，意志的力量更不能。没有一个专注目标的人生，注定是失败的人生。

成功是一种倍增效应

成功具有一种倍增效应的功能，你越成功，你就会越自信，自信使你越容易成功。从这种角度来说，成功是一种倍增效应。

对于这句话我们怎么理解呢？这就是说，成功与失败也有两极分化的作用，成功会使你越来越自信，越来越成功；而失败会使人越来越失败，离成功越来越远。拿破仑一生曾打过100多次胜仗，胜利使他坚信自己会所向披靡，而使敌人闻风丧胆。古语所说的"屋漏偏遭连夜雨""祸不单行"正是这种现象的写照。

亚历山大在某次战斗取得胜利后，有人问他，是否等取得了一些胜利后再乘胜追击，再去进攻另一个城市，亚历山大听了这话，竟大发雷霆。他说："等成功了再去攻另一个城市，这简直是太愚蠢了，成功需要我们自己去创造。"

创造成功，便是亚历山大之所以伟大的原因。因此，唯有去创造成功的人，才能建立轰轰烈烈的丰功伟绩。

如果一个人做事情总要等待机会，那是极其危险的。一切努力和热情，都可能因等待机会而付诸东流，而那机会最终也不可得。

拿破仑在成功翻跃阿尔卑斯山之前，曾这样问他的工程师们："如果通过这条路直接穿越过去，有没有可能？"这些工程师曾被派去探寻能够穿过险峻的阿尔卑斯山圣伯纳山口的路。他们吞吞吐吐地回答："可能行的，还是存在着一定的可能性的。""那就前进吧。"身材不高的拿破仑坚定地说道，丝毫没有把工程师们刚才答话里的弦外之音听进去，因为工程师们想告诉拿破仑，穿越那山口肯定是极其困难的。

此时，英国人和奥地利人听到拿破仑想要跨过阿尔卑斯山的消息时，都轻蔑地撇了撇嘴，报以无声的冷笑：那可是一个"从未有任何车轮碾过，也从不可能有车轮能够从那儿碾过的地方"。更何况，拿破仑还率领着7万军队，拉着笨重的大炮，带着成吨的炮弹和装备，还有大量的战备物资和弹药。

然而，被困的马塞纳将军在热那亚陷于饥饿境地时，一向认为胜利在望的奥地利人看到拿破仑的军队突然出现，他们不禁目瞪口呆。拿破仑没有像其他人一样被高山所吓住，从阿尔卑斯山上溃退下来，而是迎难而上。失败不属于拿破仑，他成功了。

"不可能"的事情一旦成为事实时，总会有人说，这件事本该在很久以前就能做成；还会有人找借口说，他们所遇到的巨大困难是任何人都无法克服的，从而把在困难面前的退却说成是顺理成章的事情，好让自己从困难面前大摇大摆地溜走。对于许许多多的指挥官而言，他们有同样精良的装备，有必要的工具，有善于穿越崎岖山路的士兵，但他们却缺乏拿破仑的坚韧与勇气。拿破仑在困难面前没有退缩，尽管这种困难对于任何人来说几乎都是难以克服的。他需要前进，所以，他就自己创造了机会并牢牢地把握住了这个机会。

一个人的潜意识一旦完全接受了自己的要求后，就会按照自己的要求成为创造法则的一部分，并自动地运作起来。在这种情况下，我们必须相信自己所想要相信的事，只有这样，才会在自己的潜意识中得到真正的印象，而自己的潜意识也会因印象的程度而适当地做出反应。

这就是为什么在很多普通人看来办不成的事，为什么有的人却办成了的原因。怎么理解呢？如果当事人确实能从潜意识中认定可能办成，事情就会按照当事人信念的程度如何而从潜能中流出极大的力量来。此时，即使表面看来不可能办成的事，也可能办成。

就因为如此，不论怎样，我们都要看到有无数英雄伟人在别人畏首畏尾、面对机会犹豫不决时，果敢地抓住了机会，取得了常人难以想象的伟大业绩。这些人总是能当机立断，雷厉风行，全身心地投入到行动中去，让整个世界为之喝彩。

也许，你会认为世界上只有一个拿破仑。但是，另一方面，我们也要看到，当今任何一个年轻人所面对的困难与艰险，绝没有这位伟大的科西嘉小个子所跨越的阿尔卑斯山那么高、那么险。

因此，我们不能总是企盼着非同寻常的机会在自己的面前神奇地出现，而是要善于复制成功，让成功在我们的手中看起来非常地轻松。

在美国历史上，那些通过个人奋斗而获得成功的事迹是最催人泪下、感人至深的。无数男女确立了伟大的目标，他们努力克服前进中的艰难险阻，坚韧地面对一切，最终登上了成功的基石。更有许多原本地位十分平庸的人，他们凭借坚韧不拔的意志和努力奋斗的精神，终于跻身到了社会名人领袖之列。

成功就是胜利

在《西点法则》这本书中，赖瑞·杜尼嵩指出，在西点，对一个学员在竞争中的唯一要求就是获胜。只要获胜，中间的一切过程都可以忽略，西点要的是结果，而不是过程。然而，世界上没有常胜将军，即便是西点的骄傲——麦克阿瑟也有过在对朝战争中失败的惨痛教训，但失败后，麦克阿瑟将军并不是完全否定自己，也没有找借口为自己开脱。而是客观地去分析这场战争，为以后的胜利积累经验和教训。西点人崇尚胜利，但也决不惧怕失败。

美国西部有一位老人，他中年时还是个目不识丁的铁匠，现在60岁的他却成了全城最大图书馆的主人，并且得到很多读者的称赞。人们认为他是一个学识渊博并且乐于为人民谋取福利的好人。而这位可敬的老人唯一的志向就是要帮助人们接受教育从而获得知识。自身并没有接受系统教育的他也被激发了，从而令他成就了一番造福一方民众的伟大事业。

在我们的现实生活中，确实存在许多这样的人，他们的才能直至老年才表现出来。这是什么因素激发他们到了老年才把才能表现出来呢？有的是受富有感染力的书籍而被激发；有的是受富有说服力的讲演而被感动；有的是受朋友真挚的鼓励而被鼓舞。而其中朋友的信任、鼓励和赞扬，对于激发一个人的潜能，作用往往是最大的。

在印弟安人的学校里，他们曾经刊登过很多印弟安青年毕业时的照片。他们走出学校时的神情与他们刚刚走出家乡时的神情迥然不同。毕业照片上的他们个个服装整齐，气宇轩昂。他们双目炯炯有神，脸上流露出智慧，才华横溢。你看到这样的照片，一定会预见他们将来可能成就伟大的事业。但是他们大部分回到家乡以后，拼搏奋斗不长时间，就不能保持他们的新标准而又"原形毕露"了。当然，这不能一概而论，也有少数人意志力坚强而具备了抵制沦陷的力量。

　　这就告诫我们，无论是在我们的生活中，还是在事业中，我们追求的也是胜利，毕竟成功就是胜利。只有胜利，我们才有发言权，我们才能去追求更高的成功。

　　在我们追求成功的过程中，只有我们自己知道自己想成为什么样的人时，我们才能感觉到自己内心深处的力量。反之亦然，当我们在某个地方出现了差错，我们就无法达到成功。每个人都在寻找属于自己的答案，寻找自己的坐标，只是有时候没有意识到。我在努力探索愧疚与恐惧，追寻意义、情感与力量，试着了解恐惧、失落的时间，努力寻找自我与真正的快乐。有些人在情感、信仰中寻找答案，但更多人在金钱、地位、"理想"的工作中寻找，结果不但找不到快乐，反而寻到了烦恼。如果对追寻到的这些错误道路不求甚解，就很容易产生空虚感，怀疑人生没有意义，爱与快乐皆属虚幻。

　　我们要走向成功，在更多的时候，我们就要承认自己身上所存在的弱点，只有这样，我们才能扬长避短。富兰克林就是这样一个对自己的弱点非常了解的人。他说："我是一个很坏的演讲家，从来不能以词动人，在用词方面常常要踌躇很久，还难得用词恰当，然而我还是能够表达我的意思的。"正是富兰克林认识到了这些，从而使他认识到只用辩论绝对得不到胜利。假使他是一个会演讲的人，绝不会获得这个有价值的教训。如果你决定要战胜一个困难、一个缺陷，首先要正确认识自己，然后你要能心甘情愿地、不断地努力下去，以达到你的目的。

当张其金在创业路上遇到众多合作伙伴的质问时，他并没有忘记心中的信念就是胜利。记得有一天，当我问他，你现在已经处于四面楚歌之中，你为什么还在追求，你追求的目标是什么？张其金大声回答道："过去的一切都不重要了，我要的只有胜利两个字，如果没有胜利，我也就没有发言权，我就没有力量回击那些给我设置了一个又一个障碍的人。所以，我现在要做的就是不计一切代价获得胜利，我一定要摆脱困境，获得胜利，不论前方道路多么长，多么艰难，我都将克服一个又一个困难获得胜利。在我的心里，我已经不知念了多少遍，如果没有胜利，就意味着没有我的生存！"

张其金从离开家乡的那一天起，在他的心里就存在着一种思想：没有胜利，我就没有成功。但我在追求成功，追求胜利的时候，我也要做好失败的心理准备，以自己的聪明、能干、勤奋、务实、不急、不躁的心态来应对他人的嘲讽和失败的袭击。

　　张其金的这种做法，毫无疑问是一种很高明的做法，无论
遇到多大的挫折，他都会以积极的心态来对待失败。他也经常
引用巴顿将军写给父亲的话来说："我有信心取得胜利，有时
候失败只是一个小插曲，当它不期而至时，我有足够的心理准
备去正确地对待它。它不一定就是绊脚石，甚至能够给我点提
示与警示。"

第五章

为梦想而努力

梦想与理想

在以智慧求生存的年代里，正是因为我们有了梦想与理想，我们才有了更大的发展空间。作曲家、雕塑家、画家、诗人、预言家、智者，他们是天堂的建筑师，是未来世界的创造者。这个世界因他们的存在而美丽，没有他们，人类会在艰苦劳动的压迫下走向消亡。

这一发现简直就是一个奇迹。这意味着精神在质量上是超凡的，在数量上是无限的，而且其中还包含着无数的可能性。意识到精神力量的存在后，你就会变成一条"火线"（有电流的电线）。这跟将一根普通的电线接到电路上一样。宇宙就是一条火线，它的能量足以让你应对各种人生问题。一旦个体精神与宇宙精神建立联系，人就能实现一切梦想。这就是在世界的力量。所以，科学门类都承认这个世界的存在。一切力量都取决于我们对这个世界的认识。

另外，那些心中怀有美丽梦想和崇高理想的人，也终会有一天能够将之变为现实。哥伦布梦想着另一个世界，他发现了新大陆；哥白尼梦想世界的多重性和一个更广阔的宇宙，他揭示了宇宙的奥秘，因此将人类的视野扩展到了广袤的天宇间；释迦牟尼梦想着一个纤尘不染、宁静平和的精神世界，他进入了其中。理想为我们树立了对未来的一种憧憬，梦想为我们支撑起了属于我们的心灵世界。所以，尽管我们会在人生的旅途中遭遇各种打击，经历各种苦难和艰辛，但正是由于我们有了梦想，才让我们感受到了社会的美好。换言之就是，美丽的梦想滋养、抚慰了我们自己的心，让我们无时无刻地不在经营着我们的心灵净地。这就是说，只要我们不放弃理想，不放弃梦幻，我们就会让我们的梦想永远不褪色或者消逝。毕竟我们生存在思考里，只要我们活在梦想之中，并能付诸行动，我们就会坚信，只要我们努力了，只要我们付出了，我们所有的理想都将在某一天变成现实。

尽量保持蓝图的整洁与清晰，让它扎根心底，然后你才能逐渐地向它靠近。你一定能成为"想成为的人"。

这又是一个著名的心理事实，但遗憾的是，仅仅知道这个事实并不能为你带来一切，甚至不能帮你构建精神蓝图，更别提去实现梦想了。要想达到目的，人类必须付出对等的努力，而且是精神上的努力，但很少有人愿意做出这样的努力。

第一步是理想化。这一步至关重要，因为它好比房子的根基，而这根基必须牢固而持久。在建造高楼大厦之前，建筑师会预先在心中描绘出所有线条和细节。而在挖掘深渠时，工程师必须先确定各个部分需要多大的力。

在行动之前，他们已经"胸有成竹"了。因此，你也要先描绘出理想的图画，然后再开始行动，这就好比播种之前一定要知道将来收获什么一样。这个过程就是理想化。如果你对未来感到迷茫，那就回到房间，日思夜想，直到理想蓝图变得清晰明了为止。一开始，这幅图画可能比较模糊，但久而久之它一定会成型并细化。你的能力会逐渐增强，理想蓝图也将逐渐清晰，并最终在客观世界实现。你会清楚地看到自己的未来。

下一步是形象化。形象化是创造精神蓝图的过程，而这蓝图就是你未来的模型。

尽量保持蓝图清晰而美好，要无所畏惧，让它变成一幅鸿图巨制。记住，除了自己，没人能限制你。成本或资源都不是问题，因为你是从无限中汲取能量，只要你对之怀有一颗理解、赞赏并认同的心，这种力量就会为你所用，这就是靠想象构建一切。如果你想让梦想变成现实，那就要在想象中创建精神蓝图。

你必须逐渐完善这幅蓝图，直到你能看到细枝末节。一旦细节呈现，你就会掌握实现它的方法和步骤。一环扣一环，思想引导行动，行动产生方法，方法促进交际，交际改变境遇，最后理想得以实体化，而这正是第三步。

我们知道，宇宙在变成实体之前必定理念化。如果我们愿意沿着伟大的宇宙建筑师的路子前进，理想终会实现，就像宇宙会实体化一样。个体与宇宙一样，二者在属性上没有任何差别，唯一不同的是程度和级别。

在将建筑形象化时，建筑师会在脑中形成理想建筑的样子。他的思想将变成一个可塑的模型，而建筑物将依照模型应运而生。不管是高的还是矮的，华丽的还是朴素的，他必定是先画出蓝图，然后再利用材料落成建筑。

发明家也是用同样的方法将理念形象化的，比如，尼古拉·特斯拉。他天赋过人，是有史以来的最伟大的发明家之一。这位奇迹的创造者在进行发明之前，总是先将它们形象化。他不是先造出实体，然后再进行修改，而是先在想象中构建理念，然后在脑海中进行整理和改进。他在《电学实验者》一书中写道："通过这种方法，我能够快速形成而完善某种理念，而不必碰撞任何东西。当我想出所有改进方法，看不出任何纰漏的时候，我才会将脑中的图画变成实体。20年来，我的所有发明都跟我所设想的一模一样。"

只有反复描画精神蓝图，它才会变得清晰而准确。每重复一次，草图都会变得比之前更加清晰明确，而蓝图的清晰程度直接影响到它实体化的程度。在变成实体之前，你必须先在心里打好坚实的基础。即便是在精神世界，你要想创造出有价值的事物，那就必须找到合适的材料。一旦有了材料，你就能创造出一切，但前提是要确保材料的质量。有道是，料子不好造不出好衣裳。

好材料要靠无数默默无闻的精神建筑工运送过来，然后你才能描绘出理想的蓝图。

想象一下，上亿的精神工人都做好了准备，时刻等待你的命令。他们就是脑细胞。除此之外，你还拥有相同数量的后备军。哪怕是最微不足道的要求，只要你一声令下，它们马上就会为你实现。思想的力量无穷大，这意味着你的创造力也无穷大。也就是说，你想要的一切都能实现。

　　不要受外界的干扰，只专注于内心的蓝图。只要内在世界变得美丽丰饶，外在世界自然会有相应的表现。一旦学会构建理想，理想必会在客观世界实现。

　　我曾看到过这样的一篇文章，文章的题目叫《哈佛的梦想》，在这篇文章中，我深刻地体会到了约翰·哈佛通过对自己梦想的付出，从而实现了他的人生价值。

　　美国的哈佛大学是全世界最出色的大学之一，当今全世界各地的年轻人无不向往成为一名哈佛人。但是，在这所知名大学的背后，又有多少人知道哈佛的来历呢，又有多少人知道为什么会命名为"哈佛"呢？其实，这里没有什么秘密，唯一的秘密就是因为它的背后隐藏着一个神奇的梦想，就是在这所世界著名的大学背后，它的发展壮大与一个名字叫约翰·哈佛的人密不可分。

　　约翰·哈佛出生在英格兰，父亲是一位屠夫，家里有4个兄弟姐妹。可惜1625年的一场瘟疫，夺去了他父亲和兄弟姐妹的性命。

　　1637年冬，29岁的哈佛从英国剑桥大学毕业后，移民到了美国的查理斯镇。他的住所与一所新成立的学院（当时尚没有正式的校名）隔河相对，河的名字叫查理斯河。当时那所学院规模很小，只有一所木板房、一名正式教师和几十名学生，但是哈佛却梦想这所学院能逐步发展壮大。

当时，哈佛还希望自己成为查理斯镇教堂的助理牧师。不幸的是，他一向体弱多病，在来到查理斯镇不到一年，便因患肺病而英年逝世。

临死前，哈佛不忘立下遗嘱，将自己的全部图书约400本和一半的财产约780英镑捐赠给河对面的那所学院。

哈佛的这些捐赠，在今天看来是微不足道的。但是对于当时的学院来说意义却是非同寻常的，它相当于该学院全年财款的近两倍，也是该学院成立以来所接受的最大一笔捐赠。

为了表示感激，校方正式将这所尚无正式名称的学院命名为哈佛学院。然后，校方用这笔捐赠迅速购置了一大批先进的教学设备，并聘请了一批学术名人，还大胆举行教育改革，使本来名不见经传的哈佛学院从此走向辉煌。

实现梦想和理想的方式有很多种，约翰·哈佛用自己的善举成就了自己，也成就了一所学院，更为后人树立了一个榜样。也正是从哈佛开始，捐赠文化教育事业，成为了富裕的美国人的一种价值观念。

一位作家曾这样写道：

珍藏你的梦想，珍藏你的理想，珍藏曾经拨动你心弦的音乐，珍藏你心中圣洁的美，珍藏你心中最纯洁的思想，因为所有最令人快乐的环境，所有天堂的美好都来自于其中。只要你对自己诚实，对自己的理想诚实，最终你梦想的世界会变成现实。

渴望就是得到，向往就是取得。难道只有最卑贱的愿望能够充分地实现，而最纯洁的向往只会枯萎吗？这不是世界的公理。

做高尚的梦，你会飞向你的梦想。你的梦想预示着未来你会成为什么样。你的理想是未来的预兆。

最伟大的成就在最初的时候曾经是一个梦。橡树沉睡在果壳里，小鸟在蛋里等待，在一个灵魂最美丽的梦想里，一个慢慢苏醒的天使开始行动。梦想，是现实的情侣。

在人类所做的一切事情中都包含了努力和结果，努力程度的衡量标准就是结果，而不是机遇。天赋、力量、物质、智力和精神的财富都是努力的结果：它们是完成的思想，是取得的成就，是实现的理想。

你心中怀有的梦想，你一直珍藏于心的理想——这是你生活的基础，是你的未来。

成功的梦想

我们要成功，一定要有梦想、有远见、有热情、有执着，一定要对某个目标朝思暮想，不实现誓不罢休。一定要肯苦干、肯付出、肯拼命，有了动机、动力、活力，我们才有追梦的本钱。

当然，要想实现梦想，你就要先在心中绘出成功的蓝图，然后有意识地将蓝图形象化，如此一来你必将通过科学的方法走向成功。

只要做到坚定目标不动摇，梦想迟早会实现。明确的目标是一种动因，能在无形世界中为你寻找实现理想的必备材料。

聪明睿智、富有创意的建筑师设计建造了造型别致的悉尼歌剧院以及古朴典雅的巴黎圣母院。虽然设计者如今已经不在了，但他们的作品仍令后人世代景仰，他们的名字也载入史册。与之相比，梦想也是伟大的建筑师，甚至比他们更伟大。梦想潜藏在人们的灵魂中，透过求知探索的目光，洞穿时间的墙垣，并展望未来。它们为之奋战的一切堪比亚历山大的征服、拿破仑的伟业，它们是神圣帝国的创始人。

那些富有激情的梦想家的灵魂在美仑美奂的梦想帝国的高大宫殿内游弋着。装甲的车轮、坚固的钢筋，哪怕一颗小小的螺丝钉，都是供梦想用来织造神奇挂毯的织梭，一切都为梦想所支配。梦想是一种精神作用，它总是先于我们的行动。即使墙垣坍塌了，大厦倾倒了，大海的潮汐涨落把坚硬的岩石变成沙滩，而只有梦想家亲手缔造的一切存留了下来，永不会倒塌。

科学带我们走进了这个充满各种神奇的发明创造的时代，但精神科学也已扬帆起航。梦想家们一显身手的时刻到了，他们可以将全部聪明才智发挥出来，令世界更加完美，令精神中形成的图景最终成为我们所拥有的现实，令我们生活在梦一般的现实中。

为了构筑我们美好的未来，我们必须在我们心中拥有一幅关于未来的伟大而又正确的精神图景。一切的行动、爱、勇气、信心都要服务于它，然后我们的梦想就会变成现实。

美国总统威尔逊曾经说："我们因为有梦想而伟大，所有的伟人都是梦想家，他们在春天的和风里或是冬夜的炉火边做梦。有些人听凭自己的伟大梦想枯萎而凋谢，但也有人灌溉呵护梦想，在艰难困苦的日子里精心培育梦想，直到有一天得见天日。"

如何树立成功的梦想呢？我们知道，梦想既是远大的志向，也是宏伟的理想，成就你的梦想必须付出多方面的努力，但最忌讳的就是一个人在树立梦想的时候没有专一的目标和专注的热情。毕竟一个人对目标投入的热情越多，实现梦想的几率就越高。这就是告诉我们，不管我们做什么都要乐在其中，而且要真心热爱自己做的事，要拥有那种迫切的工作欲望。

在卓达集团，我曾经问过在卓达集团工作的员工，没有股份，工资也不高，是什么原因让他们愿意在卓达工作？一位工作人员对我说，"在卓达，我们看到了一种理想，我们感到自己很崇高。"

应该说，这是卓达给员工的一个成功的梦想，这也是卓达善于为员工描绘一幅理想主义的蓝图，而理想主义的蓝图形成了企业的向心力。

卓达的创始人杨卓舒说："我喜欢大场面，千军万马，机器轰鸣，这会让我非常兴奋。我曾写了《在理想主义旗帜下集合》一文，系统地阐述了卓达的远景构想，人才观、价值观等中心经营理念。我曾经说过，决定一切的不是资金，不是技术，不是关系，不是专业技巧，不是经验，不是方法或者秘诀，那么是什么呢？是理想主义和强烈的社会责任感。

按照马斯洛的理论与中国的具体情况，人的状态可分成四个层次：第一层为生存层面。我告诉员工，人不能仅仅为了生存而活着，卓达不允许任何人停留在生存的层面。一个公司如果仅仅为员工提供工资，那将非常没有意义！没有理想，没有基本的文明，没有音乐，没有鲜花，纯粹为了钱走在一起，这样的公司是要垮台的，这样的员工是要被淘汰的。第二层是生活层面。生活与生存不同，生活是丰富的，生活由道德、伦理、艺术以及日常的生活细节构成，但是我们不能过于注重享受生活，我们要从更高的境界出发。我构建的第三个层面就是理想主义。什么是理想主义？理想主义就是在什么都不缺少的情况下想到天下所缺，在太平时代想到危机，在美满的生活中发现丑恶，在废墟中看到希望，在一无所有时看到未来的辉煌。理想主义引导着我们的生活，它代表着明天和未来，没有理想主义，企业将难以发展。

理想主义并不是最高层面！作为一名企业员工，必须有大无畏的献身精神。卓达集团就是要有这样一批充满激情、充满希望、充满献身精神的优秀员工队伍。我认为，这种献身精神就是第四个层面。而最高的层面乃英雄层面，只有极少数人在历史上产生重大影响，也只有他们有资格把自己的名字写在英雄的行列里。在我看来，过去的政治英雄、军事英雄正在让位于现在的经济英雄，我们这个时代真正的英雄是比尔·盖茨，是松下，是洛克菲勒。我们卑微，但我们景仰崇高；我们渺小，但我们敬慕英雄。

杨卓舒极富激情和口才，在他的阐述下，我们可以看到卓达的蓝图，而蓝图中又渗透了专注和热情，因为只有在我们热切渴望、愿意全身心付出的时候，我们才会有超乎想象的坚强与力量，凭着这股力量，我们能够经得起各种打击、失意和批评的考验。当然，渴望只是一种情绪，我们还要下定决心，动手去做，这就是我们实现梦想的第一步。

一位哲学家说：没有梦想的人为有梦想的人实现他们的梦

想；梦想是为自己设定目标，确立界限，建立标准；没有梦想的人生简直就是等死；没有梦想的人很容易放弃，有梦想的人才会坚守。

命运之梦

2012年春节过后，张其金在北京举办的一场演讲会上曾经这样说道："我要用自己的后半生，去实现早已生根在我心中很久的一个理想：这个理想就是在我为了实现自我价值的过程中，我要承担起我应该承担起的社会责任，为了国家、民族的富强而奋斗。"

当他讲完这段话的时候，台下有一位小姑娘站起来问："张老师，你这样的话是不是太空了，太大了？"他听完这位小姑娘的话之后，对她说："伟人之所以伟大，是因为他成就了一个伟大的梦想；伟人之所以伟大，是因为他在实践一个伟大的梦想；伟人之所以伟大，根源于他有一个伟大的梦想。我张其金之所以强调梦想的力量，是因为我意识到梦想将决定我人生的成败。"

张其金深深地知道，太多的人让梦想在庸常的生活里消弭于无形，他们不再心怀梦想，不再试图去塑造人生、把握命运，这些人也就失去了成为强者的可能。而张其金的人生，就旨在重建梦想，实现梦想，唤起每个人那无穷无尽的力量。

张其金说："那一天我永生难忘，我感觉到自己活在了真实的梦想之中。那天，当我从位于上地国际创业园的办公室回到家的时候，我提笔写了这样一段话：今天是我写下梦想的第一周，先将这个计划与几个朋友进行了沟通，几乎百分之百地得到了反对。理由很简单，他们认为过去你是这样的，突然要变成另外一个样子，能行吗？最重要的是他们感到了一种触动，似乎如果你成功了，他们就显得很不成功的样子。"

但张其金认为有梦想总比没有梦想好，这正如哲人所云："人，因梦想而伟大。"美国黑人领袖马丁·路德·金之所以伟大，是因为他梦想黑人与白人们平等、自由。为此他在他的《我有一个梦想》中说：

一百年前，一位伟大的美国人签署了解放黑奴宣言，今天我们就是在他的雕像前集会。这一庄严宣言犹如灯塔的光芒，给千百万在那摧残生命的不义之火中受煎熬的黑奴带来了希望。它的到来犹如欢乐的黎明，结束了束缚黑人的漫漫长夜。

　　然而一百年后的今天，黑人还没有得到自由，一百年后的今天，在种族隔离的镣铐和种族歧视的枷锁下，黑人的生活备受压榨。一百年后的今天，黑人仍生活在物质充裕的海洋中一个贫困的孤岛上。一百年后的今天，黑人仍然萎缩在美国社会的角落里，并且意识到自己是故土家园中的流亡者。

　　今天，我们在这里集会，就是要把这种骇人听闻的情况公之于众。

　　我并非没有注意到，参加今天集会的人中，有些受尽苦难和折磨，有些刚刚走出窄小的牢房，有些由于寻求自由，曾在居住地惨遭疯狂迫害和打击，并在警察暴行的旋风中摇摇欲坠。你们是人为痛苦的长期受难者。坚持下去吧，要坚决相信，忍受不应得的痛苦是一种赎罪。

　　让我们回到密西西比去，回到阿拉巴马去，回到南卡罗莱纳去，回到佐治亚去，回到路易斯安那去，回到我们北方城市中的贫民区和少数民族居住区去，要心中有数，这种状况是能够也必将改变的。我们不要陷入绝望而不能自拔。

　　朋友们，今天我对你们说，在此时此刻，我们虽然遭受种种困难和挫折，我仍然有一个梦想。这个梦是深深扎根于美国的梦想中的。

　　我梦想有一天，这个国家会站立起来，真正实现其信条的真谛："我们认为这些真理是不言而喻的，人人生而平等。"

　　我梦想有一天，在佐治亚的红山上，昔日奴隶的儿子将能够和昔日奴隶主的儿子坐在一起，共叙兄弟情谊。

　　我梦想有一天，甚至连密西西比州这个正义匿迹，压迫成风，如同沙漠般的地方，也将变成自由和正义的绿洲。

　　我梦想有一天，我的四个孩子将在一个不是以他们的肤色，而是以他们的品格优劣来评判他们的国度里生活。

　　我有一个梦想。

　　我梦想有一天，阿拉巴马州能够有所转变，尽管该州州长现在仍然满口异议，反对联邦法令，但有朝一日，那里的黑人男孩和女孩将能够与白人男孩和女孩情同骨肉，携手并进。

我有一个梦想。

我梦想有一天，幽谷上升，高山下降，坎坷曲折之路成坦途，圣光披露，满照人间。

这就是我们的希望。我怀着这种信念回到南方。有了这个信念，我们将能从绝望之岭劈出一块希望之石。有了这个信念，我们将能把这个国家刺耳的争吵声，改变成为一支洋溢手足之情的优美交响曲。有了这个信念，我们将能一起工作，一起祈祷，一起斗争，一起坐牢，一起维护自由；因为我们知道，终有一天，我们是会自由的。

在自由到来的那一天，上帝的所有儿女们将以新的含义高唱这支歌："我的祖国，美丽的自由之乡，我为您歌唱。您是父辈逝去的地方，您是最初移民的骄傲，让自由之声响彻每个山岗。"

如果美国要成为一个伟大的国家，这个梦想必须实现。

让自由之声从新罕布什尔州的巍峨峰巅响起来！

让自由之声从纽约州的崇山峻岭响起来！

让自由之声从宾夕法尼亚州阿勒格尼山的顶峰响起！

让自由之声从科罗拉多州冰雪覆盖的落矶山响起来！

让自由之声从加利福尼亚州蜿蜒的群峰响起来！

不仅如此，还要让自由之声从佐治亚州的石岭响起来！

让自由之声从田纳西州的了望山响起来！

让自由之声从密西西比州的每一座丘陵响起来！

让自由之声从每一片山坡响起来。

当我们让自由之声响起来，让自由之声从每一个大小村庄、每一个州和每一个城市响起来时，我们将能够加速这一天的到来，那时，上帝的所有儿女，黑人和白人，犹太人和非犹太人，新教徒和天主教徒，都将手携手，合唱一首古老的黑人灵歌："终于自由啦！终于自由啦！感谢全能的上帝，我们终于自由啦！"

由此看来，一个有意义的梦想甚至可以改变一个国家、一个时代。孙中山之所以伟大，是因为他毕生都在实践推翻禁锢中国人民几千年的封建帝制的梦想；邓小平之所以伟大，是因为他亲手设计的强国梦真的让十几亿中国人强大起来了。人，因梦想而伟大！同样，对于一个即将创业的我，或者说正在创业的我来说，我的梦想也非常重要，他将会影响到我的一生。

梦想就不在远处

当一个人已经拥有一定实力的时候，他已经不需体现自己有多优秀了。他需要做的是去创建一个平台，让更多的人在这个平台上一起实现梦想才是他人生的价值和意义！

我对成功没有什么特别的定义。一些老板看着很厉害，开着名车、住豪宅，可是与他一起打拼的员工却挤着公交车去上班，住在民房里。而另外一些老板，自己开着一辆很普通的车，而他的员工都是开着好车、住豪宅，那么，哪个老板的员工会力挺公司、全力以赴地为公司工作呢！每个人都有自己的思想，都有自己的路要走，也有自己的目标要去实现。但是，很多人在当下都没有办法去参加什么课程，也没有机会碰到自己的人生导师。人生最重要的导师没有找到，路要何去何从呢！

很多人经常迷茫不知道自己的去向，这很正常。因为我们的经历少，我们只是迈出了一步、两步……人生的不同，仅仅是迈出的步数的不同而已。所以，我们的迷茫，只是我们走到第几步的迷茫，并不是我们整个人生的迷茫！因此，从某个角度来说，只要肯前进，就不会有迷茫。

美国蓝德调查公司经调查后认为，一个人失败的原因，90%是因为这个人周围的亲友、伙伴、同事和熟人都是一些失败的和消极的人。在张其金的公司里，有这样一个年轻人叫周伽瑜，张其金和她的相遇是偶然的，但也是充满刺激的。1998年，当张其金在北京通过自己的奋斗成为一位传奇人物的时候，他认识了周伽瑜，她那积极向上的热情就深深地感染了张其金，好像他也变得自信了起来。

在张其金的记忆里，那天，周伽瑜已经感觉到自己已经走投无路了，她两眼木然地望着远方。却不知是何缘故，当他走到她身旁的时候，他手里的文件夹却掉了出来，重重地砸在了她的脚上，她情不自禁地"哎哟"了一声，张其金不停地向她说对不起，但就在一声惊叹之后，她却好像没有了反应。于是张其金对她的表情好奇起来。就这样，他们认识了，接着他们进行了一次对话，至于这次对话，周伽瑜在多年后回忆说："当我走投无路成为销售人员的时候，也是张其金的鼓励和建议让我在最困难的时候能够支持下去。当然，除此之外，也不泛有一些和张其金一样的朋友在身边支持我，并坚信我能成功。正是因为有这样的良师益友，才使我的梦想得到了实现。"

几乎每一位成功人士都需要良师益友，而只有有着同样目标和世界观的人才能进行真诚的交流。如果你能找到与你有同样渴求并且已经成功的人士，那么你成功的脚步会迈得更快，这是张其金在与一位年轻的银行总裁共进午餐后的最大体会。

当张其金和一位年轻的银行家在约定的餐厅见面时，他真的很惊讶，因为他没有想到对方是如此年轻。而当张其金坦率地向他提出这一点时，他也只是笑笑，并且说这种事每天都在发生，他很希望快点老，那样就不会吓到别人了。

这位年轻人才28岁，就已成为了一家银行的总裁，并且他没有任何亲戚或关系网在银行里帮助他，而是靠自己的努力得到这个职位的。

这引起了张其金极大的好奇，他本来就是个好奇心强的人，就问道："朋友，很少有人年纪这么轻就能在银行里升到这么高的位置。我对此很好奇，你介意告诉我你是如何做到的吗？"

　　"哦，当然不，"他说，"这需要花许多工夫。真正的秘诀是：我有一位经验丰富的银行家朋友。在我大学毕业前，有一位退休的成功银行家到班上致词，他当时已经70多岁了。他在分别时告诉大家，如果想与他成为朋友，可以打电话找他。听起来是不是他只是在说客套话，但他的建议却引起了我的兴趣。噢，我得承认，我迫切需要这样的朋友来激励和引导我。但我当时真的很紧张，毕竟他是个有钱而且杰出的人。但最后，对财富或说是成功的渴求占了上风，我终于鼓起勇气给他打了电话。"

　　此时，张其金完全被这个故事迷住了。看到张其金全神贯注地听他讲述，这位年轻的银行家很满意地继续回忆说："坦白地说，我很惊讶。他非常友善，甚至邀请我与他见面谈谈。我去了，并且得到了许多建议后满载而归。他给我讲了许多他以前的奋斗经历，告诉我选择在银行做事，又告诉我如何将自己推荐给别人而获得一份工作。临走时他告诉我，如果我需要他，他还可以做我的指导老师。后来我们一直保持着非常好的关系，我每周打电话给他，而且我们每个月至少一起吃一顿午餐。他从来没有试着帮我解决问题，但是他的观念和思维却激发了我的成功欲望。并且我也了解到，要解决银行的问题，有哪些不同的方法，而这些方面都是经过时间和经验的沉淀才可以。"

听到这里，张其金对这位新朋友说："你是个很聪明又幸运的人，我真的很高兴认识你。"年轻的银行家大笑起来，说道："是的，我也这样认为。"

能有这样一位朋友，在平常的交往中用一言一行影响着你，用他丰富的阅历指导你，你又怎么不会成功呢？

故此，张其金认为，很多东西都是自己内心的假象。每个人都会有梦想……曾经，我们在内心深处希望自己天赋异禀、有所作为，令人刮目相看，推动世界进步。也曾有一度，我们希望营造美好的人生，期待高品质的生活。然而有多少人，由于生活的挫折、日常的琐碎而不再努力去实现这些梦想。而张其金的人生，就旨在重建属于他自己的梦想，实现梦想，唤醒每个人心中那无穷无尽的力量。

张其金从来不觉得自己很一般。他相信每个人都是宇宙中的奇迹，这一切取决于你的心是怎么想的。生命是一样的，只

是所走人生之路的宽度不一样、格局和境界不一样。所以，要
不断地扩大宽度、格局和境界。而这一切如果只是通过看书、
看电视、看视频学习理论是远远不够的。只有深入红尘，深入
生活，从不同角度、时间、空间来体验，用心去感受。只有感
受，才会有最大的收获！

　　人，活着就要活出自己！张其金个人很喜欢苹果公司的创
始人乔布斯的一句话："人活着就是为了改变世界。"所以，
他的课程的宗旨就是——讲自己亲身实践过的东西，解决企业
及个人当下所遇到的问题，这才是硬道理！

敢于梦想

　　善于梦想的人，无论怎样的贫苦，怎样的不幸，他们总是相信好日子终会到来。

　　美国历史上充满了传奇式企业家的故事，他们不盲从权威，富于冒险精神，敢于为实现自己的"梦想"而奋斗。除大名鼎鼎的汤姆·爱迪生和比尔·盖茨以外，还有成百上千名不见经传者，他们凭远见和毅力取得了成功。下面就是两则这样的故事：

　　1989年的一个夏夜，45岁的斯科特·麦格雷戈还在加州胡桃湾市自己的家里敲打电脑，他从屏幕前抬起疲劳的双眼，瞧见厨房那边妻子黛安娜和十几岁的双生子克里斯和特拉维斯正凑硬币去买牛奶。

　　这位父亲顿生负罪感，他走进厨房，说："不能再这样下去了，我明天就出去找工作！""不能半途而废，爸爸。"特拉维斯反对。克里斯补充："你就要成功了！"

两年前，麦格雷戈放弃了有保障的"顾问"职位去谋求实现本人的一个"梦想"：他原效力的公司是在机场和饭店向出差的企业人员出租折叠式移动电话的，但这种电话不能提供有详细记载的计费单，而没有这种"账单"，一些公司就不给雇员报销电话费，现在急需在电话内装一种电脑微电路，以便记录每次通话的地址、时间、费用。

麦格雷戈知道自己的设想一定行得通，在家人的大力支持下，他开始物色投资者并着手试验，单这项雄心勃勃的冒险进行起来并不顺利。

1990年3月的一个星期五，全家几乎面临绝境，一位法庭人员找上门，通知他们如果下星期一还交不上房租，他们就只有去蹲大街了。麦格雷戈在绝望之中把整个周末都用来联系投资者，功夫不负有心人，星期天晚上11点，终于有人许诺送一张支票来，麦格雷戈用这笔钱付了账单，并雇用了一名顾问工程师，但是忙碌了几个月，工程师说麦格雷戈设想的这种装置简直是"不可能"！

到了1991年5月，家庭经济状况再次陷入困境，麦格雷戈只好打电话给贝索斯——一家著名的电信公司，一位高级主管在电话中问了他："你能在6月24日前拿出样品吗？"

麦格雷戈脑中不由想起了工程师的话和工作台上试验失败后扔得到处都是的工具，他强迫自己镇定下来，用尽量自信的声音说："肯定行！"他马上给大儿子格里格打去电话——他正在大学读电脑专业，告诉他自己所面临的严峻挑战。

格里格开始通宵达旦地为父亲设计曾使许多专家都束手无策的自动化电路，在父子二人的共同努力下，样品终于设计出来了。

6月23日，麦格雷戈和格里格带着他们的样品乘飞机到亚特兰大接受检验，一举获得成功。现在，麦格雷戈的特列麦克电话公司，已是资产达数亿美元，在本行业居领先地位的企业。

正是不轻易动摇的信心让麦格雷斯走向了成功，成功从自信开始，建立起强大的自信，并自强不息、奋斗不止、勤奋不辍，你终会超过别人，战胜别人，成就自己。

如果不是拥有自信与梦想，麦格雷戈不会坚持到最后。只有相信自己并为之努力，才会摆脱困境，过上好日子。

在现代社会，品牌已成为企业最重要的无形资产。可口可乐的总裁说，即使把可口可乐在全球的工厂全部毁掉，它仍可在一夜之间东山再起。原因就在于品牌作为巨大的无形资产，其重要性已超过土地、货币、技术和人力资本等构成企业的诸多要素。

一个成功的品牌具有强大的力量，会引发目标消费群的迷信，这就是品牌的权力。一个品牌一旦形成这样的权力，就会同时拥有巨大的话语权，对公众和社会产生重大的影响力。要想掌握这样的权力和话语权，出版企业传记是必不可少的手段。

国外企业家传记类书籍的运作早有其成熟的机制，几乎每一个知名大公司、大企业家，都有记载其历程的传记作品。我们中国很多的企业常常愿意花费巨额的广告费，实际上，这是一种非常浪费资源的行为，很多世界500强企业在中国人的脑海中如雷贯耳，平日却不见他们投资多少广告。他们的秘诀就在于很好地运用了公关营销的手段，通过媒体、出版等软手段，不做广告而达到了比做广告更好的效果。

我们中国的企业家常常读外国企业的商业传记，却很少想过出版自己的著作，其实，我们自己也完全有能力、有资格出版自己的著作。通过出版企业传记，树立企业在行业的标杆地位，对企业未来的发展有着非常重要的意义。这方面的案例可以说不胜枚举，比如，比尔·盖茨的《未来之路》。在中国，虽然有一部分企业家意识到了这一点，但是，利用出版图书提升企业品牌这一方法，很多的企业家还没有尝试。

所以，当你在创造商业奇迹的同时——别忘了为企业树碑立传！因为这是品牌的需要，这是时代的潮流！在这个品牌横行的年代，无论是广告轰炸还是媒体炒作，在时间面前越来越苍白无力，每一家企业都应该有一部自己的《左氏春秋》！

我在写作本书的过程中，我记得韩娜曾经这样感慨：这是一个品牌的时代！品牌是过去投资的沉淀，是未来产生收益的源泉，品牌是过去与未来之间的桥梁。聪明的企业应该树立一个品牌，去影响一个时代。一部企业史是品牌最好的总结与张扬，从《联想风云》到《国美攻略》，从《百年青啤》到《海尔巅峰》，从《娃哈哈连锁经营》到《华为之路》……总之，写一部经得起时间考验的企业传记，成为家喻户晓的明星企业，实现扩张之梦，是值得任何一位企业家思考的问题。

做一个成功的拼搏者

在我们的人生前进旅途中，我们只有永远不满足自己现有的成就，以更大的热情去获取更大的成就，不断地给自己加压，我们才能不断地克服一个个困难，走向成功，争做一个不断拼搏的进取者。

我认识一个年轻有为的业余作家，在从事写作之前，他因生活的艰辛对自己没有一个人生的方向。后来，在工作中，他发现只要自己努力拼搏，勇于进取，就会获取一片属于自己的天地，于是他开始了文学创作。在第一本书出版之后，他又开始了第二本书的创作，结果成为了一个非常有名的作者。他为什么能接连获得成功呢？这是因为他在第一本书出版后不但没有放松自己，反而自我加压。他每天只睡4~6小时，硬是挤出时间用在写作上，绝不因第一本书出版后获得了读者的好评而放慢前进的步伐。

俗话说："逆水行舟，不进则退。"孔子说："朝闻道，夕死可矣。"人生是一个不断前进的过程，生命不息，冲锋不止，在不断的冲锋陷阵中，人生就会得到极大的充实。没有敢于进取、敢于拼搏的心态，必将一事无成。

张其金在进入企业界之前，曾经在信息产业界做IT咨询，但是，他是一个学中文的，在他进入信息产业界之前，对软件开发等一窍不通。当时有人曾经讥笑他说："就凭你一个学中文的也想进入信息产业界去发展，我保证过不了三个月，你就会被解聘，想要在这个领域获得发展，我看你是痴心妄想。"

但是，张其金并没有被这些话语阻碍了他的发展，他在听到了这些话之后更加积极进取，他开始购买大量与计算机有关的杂志、报纸和图书等资料进行学习，然后不断地加以总结，以用于工作中。就这样，张其金经过一年的发展，在计算机领域取得了很好的成绩，人们把他称为"中关村的传奇"，也有人把他称为"中国计算机宏观市场的专家"。1999年11月，《北京晨报》上发表了为他撰写的一篇题为《IT界的大手笔》的文章，该记者在报道中这样写道："我实在不想把他与"数字化论坛"放在一起，他当时创办了"数字化论坛"这个栏目，成就了"数字化论坛"的一些人物，但我个人认为，他是不能与那些人物放在一起来进行对比的，因为"数字化论坛"的人物是草根，他是一个传奇。就在我采访他的当天，还有人告诉我，在他坚定的目光里闪耀着激情的光芒。莫论时光长与短，对有为者来说，每时每刻都能创造出惊天动地的人间伟业。"

这就是张其金，他凭着坚定的信心，在他人的反对与诋毁声中，终于顺利走过了那些艰难、崎岖的路程，逐渐走向了成功。他曾经说过："一个人要想取得成功，需要一种动力，这种动力就是拥有做一个敢于拼搏的进取者的精神。如果你具备了这种精神，就会使你产生一种信仰，这种信仰能够驱使你不断拼搏，从不认输，不断地从穷途末路中找到一条新的道路。"

王某从小就酷爱画画，他嫌自己画的画总是没有出奇的地方，为了做到别出心裁，他开始购买大量的图画进行研究和仿真。在仿真的过程中，如果自己画的画不能使自己满意时，他就把它烧掉，再重新进行绘画。就这样，由于多年的勤奋，他右手握笔管的地方长出了老茧。冬天手指开裂，每天要在热水里泡好几次才能屈伸。这份坚持使他在绘画方面打下了扎实的基本功。经过勤奋学习和坚持不懈的努力，终于成为一个漫画大师。王某的漫画由于绘画功底扎实，人物造型新奇，总是能够打动读者，他成为漫画领域的一位资深大师。

从上述事例我们可以明白一个道理：我们怎样对待人生，人生就怎样对待我们；我们怎样对待自己的事业，事业就会给我们怎样的回报。只要我们具备了敢于拼搏的精神，我们就会成为敢于进取的人。

第六章

战胜自己

做自己的救世主

在现实生活中，有大部分人面对激烈的竞争时，常常显出措手不及的惊恐状，在他们的心里总是有着这样的想法："我能打倒他吗？""我比他有实力吗？"等等。他们在面对强手的时候始终觉得自己是一个弱者，所以，随时都有可能被迫退出人生舞台。

一个人的成功是靠努力、拼搏、坚持、奋斗而来的。看看我们身边的人和事，我们就能发现，很多得到成功的人都是通过自己的刻苦和努力而改变了自己，从自己的身上找到了自己的特长，最终走向了成功。海伦·凯勒和居里夫人就是其中的典范。

海伦·凯勒在老师的帮助下，克服了身体上的残疾，以惊人的毅力面对困境，最终寻求到了人生的光明。

　　说起海伦·凯勒的遭遇，我们没有人能不感动，没有人能不佩服她的精神。

　　海伦·凯勒出生在一个富裕、快乐的家庭中，可是她很不幸，她又瞎又聋，无法感受亲人的关爱，也不能体会人生的欢乐，用一句话来说，就是她只能在无声无色的童年坟墓周围徘徊。可是，海伦·凯勒的精神让她改变了自己，她用勤奋来寻求心灵的光明，她努力地坚持，最终以微笑战胜了人生道路的坎坷，创造了人类历史上的奇迹。

　　对于海伦·凯勒的成功，有一部分人会认为海伦之所以能一举成名，是依靠人们的同情与怜悯。可是事实并非如此，她的成功是靠自己的努力得来的。她经历过许多的挫折。从小时候起命运就带给了她挫折，让她陷入困境，到后来在努力学习中遇到的无数挫折，她都微笑着坦然面对，也正是因为这些挫折，所以海伦·凯勒比其他人更加坚强，更加努力。

　　女科学家居里夫人，她的成就不是任何人都可以相比的，她曾经也遇到过挫折，而她的挫折也是别人无法想象的。当她克服重重困难，通过努力学习，认真研究，攀登上了科学高峰时，她的丈夫皮埃·居里却永远离开了她。丈夫的死给她带来了巨大的打击，可居里夫人为了完成丈夫的遗愿，继续钻研，将悲痛埋藏在心底，最终为人类作出了巨大的贡献。

　　这些伟人的经历及成功经验告诉我们，只有我们在面对困难时，知难而进，才能有所成就，才能在关键时刻爆发并喷发出无以比拟的巨大力量，推动我们克服困难，成就心中所愿。

　　从上面的例子中，我们还看到了生活中的失败挫折既有不可避免的负面影响，又有正面的功能。它可使人走向成熟、取得成就，也可能破坏个人的前途，但是关键在于你怎样去做，是坚持下去，还是半路退缩；是努力奋斗，还是懒懒散散。

　　《愚公移山》的故事我们并不陌生，小学时就学过了，这篇寓言告诉我们，只要我们扮演了拯救自己的角色，我们就能无坚不摧，即使面前是高山也能把它移走。就像被称为愚公的老人一样，为了后世子孙们的幸福生活，毅然决定挖掉阻碍在门前的太行、王屋两座大山。对于这位老人来说他的想法是能实现的，但在当时很多人的眼中，这位老人只是一位迂腐且不懂变通的人，他们没有一个人认为愚公的做法能够实现。但愚公却抓住了两座大山不会再有所增加的规律，而自己的子子孙孙却繁衍不止，持续不断地进行挖掘，自会有山平路通的结果。正是愚公具备了这种做自己的救世主的精神，结果感动了山神，把两座大山移走了。

从上面的例子当中，我们得到了一些启示：生活当中，无论我们做什么事情，只要我们具备了这种拯救自己的精神，那么我们就能激发自己的潜能，从失败中奋起。

所以说，只有自己才能给予自己幸运，也只有自己才能剥夺自己的幸运。人生本是一场独舞，你改变时，一切会随你而变。想想那位没人喜欢的暴君法老吧，他有着什么样的结局。

多年前，莱迪的父亲虽腰缠万贯，但只给女儿和妻子"温饱水平"的生活，抠门儿至极。

莱迪就读于艺术院校，当时所有的学生都购买"希腊胜利女神像"、《惠斯勒的母亲》的复制品或其他复制品，并声称"带艺术回家"。她的父亲则称这些东西是"没用的摆设"。他常说："别把那些没用的摆设带回家来。"

她的桌上没有"希腊胜利女神像"，墙上也没有《惠斯勒的母亲》，她的生活毫无色彩可言。父亲经常对她和她母亲说："你们绝不能大手大脚地花钱，除非我死了看不见。"

一天有人问莱迪："什么时候出国啊？（所有艺术学生都会出国）"她兴奋地说："等我父亲死后。"

可见人人都是希望摆脱匮乏和压迫的。

　　现在让我们摆脱消极思想吧。我们曾经是疑虑、恐慌和畏惧的奴隶，我们要像摩西拯救以色列后人走出埃及一样拯救自己。

自胜者，战胜自己

人的一生必定会面临困境，这是人所无法控制的。但我们却可以控制面对困境的态度：是逃避，还是勇敢面对，这是两种截然不同的选择。不同的选择决定不同的人生，如果选择积极地面对生活，调动一切可以调动的力量，与命运抗争，那么我们将使有限的生命绽放出无限光芒。

范某是台湾的电脑专家，他在美国获得了多个学位，如美国得斯顿豪大学的企业管理硕士、犹他州州立大学的哲学博士学位。可是后来他又去专攻电脑，并获得了极大的成就。他出的一本叫《电脑和你》的通俗读物，畅销于台湾和东南亚各个国家，他还举办讲座，召开有关电脑国际会议，发表有关电脑的演讲等，为电脑知识普及作出了很大的贡献，为此，他还得到了泰国国王、英国皇家学院的奖励。

　　然而，我们许多人都只是看到了范某成功的一面，没有看到他失败的一面。

　　范某刚到美国时，他是靠辛苦地打工才生存下来的。刚到美国时，他在一家饭店里打杂，好多烦琐的事都由他来完成。对于他来说，那段时间里，洗饭、切菜、倒垃圾、打扫厕所等等事情都是他一个人加班完成的。每天别人休息了，他还在忙碌地工作着。

　　曾有一些日子，他的口袋里一分钱都没有，肚子饿了就喝清水，晚上没睡觉的地方就睡公园或桥洞里。但他仍然不停地努力，他努力想找出一条路来。功夫不负有心人，他确实成功了，经过努力他终于找到了一条属于自己的路。

　　事实也正是如此，世界上的事，从来都是付出多少收获多少。不吃苦，图享受是什么事也做不成的，看看身边那些成功的人，他们哪一个不是经过很多努力换来的。

　　要取得成就，必然要付出比别人多几倍的努力，许多失败者既不缺少情商也不缺少智商，但他们往往缺少了比别人多吃苦多努力的精神。这不是其他人的错误，而是他们自己的责任，如果他们能每天多努力一点，多奋斗一点，那么，他们就会养成吃苦耐劳的精神。

这就是说，只有我们不断地战胜自己，才能不断地走向成功。

劳埃德·道格拉斯的《伟大的执著》一书，这本书的情节独具特色，它通过一种十分有趣的方式揭示了一位拥有舒适生活的年轻人是如何掌握在实际社会生活中成长的奥秘的。

他家境富裕，从小过着一种被娇生惯养却毫无意义的生活，但一次事故却带给他很大的震动……一次他出去游玩，在游乐园里租了一只小船，他高兴地划到了湖中心，忽然起了大风，他的小船在湖里翻了，他也不省人事了。经过一段时间后，他醒了过来，他恢复知觉后发现自己没有被淹死，可是他不知道的是，他能活过来，完全在于那台从一位世界著名的脑外科专家的别墅中匆匆取来的一个人工呼吸器。虽然他的生命得到了拯救，可是为他提供了人工呼吸器的脑外科专家却死了。因为这个脑外科专家有一种突发病，当这种病发生时，需要人工呼吸器来维持他的呼吸，但这个人工呼吸器让这个年轻人用了，所以他死了。这个本可以挽救其生命的人工呼吸器，却被用于挽救这个普通人的生命。

　　一段时间后，这个年轻人知道了这件事，在意识到他对这位世界著名的伟大人物的死负有间接的责任后，他终于下定了决心要成为一个拥有和死去的脑外科专家同等能力的脑外科专家，以此来填补这个伟大人物的位置。这个决心使他变得执着，最终，他达到了自己的目标。

　　后来，这个年轻人为了感谢给予他生命的老人，用了很多时间来帮助一些需要得到帮助的人，这让很多人通过不同的方式从他那里得到了帮助，对一些人他给予金钱上的资助，而对其他人他则用自己的技能来帮助他们。

　　无需再言，他是乐于这样做的，但通常他都让他们答应自己一个条件：在他有生之年，绝不要揭示自己帮助别人的这个事实。他的原则一直是把自己拥有的给予那个为他而死去的脑外科专家。

　　后来，得到过这位年轻人帮助的人们，也胸怀伟大地执着地实践着同样的原则，为获得同样的成功而艰苦奋斗。

　　从这个故事里我们可以看到，在我们的生活中，只要我们敢于做一个自胜者，敢于直面人生，我们就能走向成功。看看那些成功的人士吧，在他们的奋斗历程中，他们何尝不是在战胜自己呢？他们何尝不是在用"不怕做不到，就怕想不到""思路决定出路""标杆学习""拼搏精神""经营智慧""学习型企业"等精神理念来激励自己的呢！也许正是有了这样的精神，他们才最终取得了成功。

成功就是不断开发自己的潜能

　　我们需要不断地点燃内心的明灯，只有我们内心的灯亮了，我们才能充分地认识自己，才能沿着我们的目标前进，才能不断地激发潜伏在我们内心深处的潜力。无论在何种情形下，我们都要不惜一切代价地激发自身潜能，让自己走上成功之路。我们要竭尽全力亲近那些了解自己、信任自己和鼓励自己的人，他们对我们日后的成功，具有不可忽视的巨大作用。我们更应该与那些努力要在世人面前有所表现的人接近，因为他们有着高雅的志趣和远大的抱负。我们接近那些坚持奋斗的人，他们会使我们在无意中受到感染，从而形成奋发向上的精神。当我们做得不够完美的时候，我们周围那些不断向上的朋友，就会鼓励我们更加努力，更加艰苦奋斗。看看我们自己吧！我们不是生活的弱者，我们同样是生活中的强者，我们都可努力做一个真实的自我，而且我们绝大多数人都有可能做得比现实中的自己更伟大。

我们要获得成功，需要准备的第一件事便是要排除一切限制、阻碍我们的东西进入我们的体内，我们要主动寻找那些使我们能够自由、和谐发展自己的境界。在这样的境界中，你就需要找到你的压迫者，找到你问题的根源。

春天的伐木活动中，大量的原木会顺流而下。有时原木交错形成堵塞，这时工人们就会找到那根引发堵塞的原木（"根源"），弄直它，随后原木再次顺利地随水而下。

或许你的问题的根源是怨恨，怨恨会阻碍你实现目标。怨恨多，诱发怨恨的因素更多，脑中一旦形成怨恨的习惯，行为只会成为一种习惯性抒发怨恨的媒介。因为怨恨，我们会错过守候我们的黄金机遇。

几年前，街上有很多苹果商贩，他们需要早起抢占街上的有利位置。有几次在派克大街上我看到了同一个人，他有着世界上最痛苦的神情。有人过来时，他便会吆喝："卖苹果，卖苹果"，但购买者寥寥无几。

我拿起一个苹果说："如果你还是那张苦瓜脸，那苹果永远卖不出去。"他回答道:"那个家伙抢了我的地方。"

我说:"地方不要紧,要紧的是你的神情。"

他若有所思地说:"我明白了。"

我开心地转身离去。

第二天再见到他时,他脸上挂着灿烂的笑容,而且生意也异常火爆。

所以,找你的问题的根源(可能不止一个),那么你成功、幸福和富足的"原木"就会奔腾而来。

我们的思想一旦闭塞,雄心一旦消沉,我们的志向就会因此被吞没,我们的希望就会因此化成泡影,我们前进的动力就会因此无影无踪。任何一个人无论在什么情况下,都要尽情地释放自己内心深处强烈而伟大的激情,唯有释放并且运用自己的激情,我们才能挖掘自己的潜力,才能因此达到成功。

我们生活中的许多人受了限制却又不能摆脱束缚,我们所从事的工作与所谓的大事相比,其实我们还只是在做一些低劣的工作。因此我们可以看出,阻碍我们事业成功的有两点:一是没有做好第一手准备;二是不能摆脱束缚。

想一想,我们就会明白,在我们的生活环境中,那些胸怀成大事立大业的人到处都有,但有的人成功了,有的人却失败了，这是为什么呢？成功者主要是他们有着远大的理想、广阔的胸怀、丰富的经验、闪光的智慧，正是因为他们有了这些成功的素质，才使他们克服种种困难而走向了成功。这些素质他们又是怎么得到的呢？到底又是什么力量在支撑着他们努力奋进呢？答案是他们内心有了志在成功的力量。

我们要做一个永远走在前面的人，只有这样，我们才能认识到自我实现意欲浓烈的人更容易超越自我。只有这样，我们才能认识到唯有奋斗，才能成功。因为我们努力了、奋斗了，我们才有了自由发展的空间，才有了坚强的自信，才能够摆脱各种各样的限制，为实现自己的理想找到捷径。

爱默生说："我最需要的是有人让我做我力所能及的事情，而这正是表现我自身才能的最佳途径。只要尽我最大的努力，发挥我的才能，那些拿破仑、林肯未必能做的事情，我就能够做到。"这就是说，只要我们能够认识自我，我们就能把存在我们内心深处的潜在能量激发出来，并能动员起生命中最优良的素质，去实现自己的宏伟理想。

一个人到底有多大的潜能呢？美国心理学家威廉认为：一个普通人只运用了其能力的10%，还有90%的潜能可以挖掘。20世纪60年代，美国学者米德则指出人只使用了自身能力的6%。

苏联学者伊凡认为："如果我们迫使头脑开足一半马力，我们就会毫不费力地学会40种语言，把苏联百科全书从头到尾背下来，完成几十个大学的必修课程。"

这就是说，我们大多数人体内酣睡的潜能一旦被激发，我们就能做出惊人壮举。当一个人激发了自己的潜在才能，找到了真正所谓的内心倾向，就使他本人的效率达到最大化。我们要注意我们自身潜能的激活，只有重视这一点，我们才能把自己的能力应用在各个工作环节上，从而实现价值最大化。也就是说，只有我们把自己的才能按照适用、能胜任和最有效率的原则分配在各个工作之中，我们才能体现出自己的创造能力。

有一个叫卡萨尔斯的老人，他已经90多岁了，在这个年龄，他看上去非常衰老了，还有各种疾病在折磨着他，尤其是那令人疼痛难忍的关节炎更是折磨得他连穿衣服的能力都没有，每天早晨和晚上都需要有人帮助才能完成。

但是，令人感到诧异的一幕发生了，就在早餐前，他贴近了他最擅长的钢琴。尽管他走起路来颤颤抖抖，头不时地往前颠。费了很大的劲才坐上钢琴凳，颤抖地把勾曲肿胀的手指抬到琴键上。

刹时，神奇的事发生了。卡萨尔斯突然完全变了个人似的，透出飞扬的神采，而身体也跟着开始动作并弹奏起来，仿佛是一位健康的、有力的、敏捷的钢琴家。

他那双有些肿胀，十根像鹰爪般勾曲着的手指也缓缓地舒展开来，并移向琴键，好像迎向阳光的树枝嫩芽，他的脊背直挺挺的，呼吸也似乎顺畅起来。这是什么原因造成的呢？这是由于弹奏钢琴的念头，完完全全地激发了他潜藏于胸的能力。

当他弹奏钢琴曲时，是那么的纯熟灵巧、丝丝入扣，随着他奏起勃拉姆斯的协奏曲时，手指在琴键上像游鱼般轻快地滑移。

他整个身子像被音乐溶解，不再僵直和佝偻，代之以柔软和优雅，不再为关节炎所苦。在他演奏完毕，离座而起时，跟他当初就座弹奏时全然不同。他站得更挺，看来更高，走起路来也不再拖着地。他飞快地走向餐桌，大口地吃东西，然后走出家门，漫步在海滩的清风中。

从卡萨尔斯所激发出的潜能来看，我们可以看出正是卡萨尔斯热爱音乐和艺术的激情，才使他的人生如此的美丽，如此的高贵，如此的神奇。就因为他相信音乐的神奇力量，才使他改变得让人匪夷所思。而这一切的爆发，就是卡萨尔斯激发了心中的潜力，让他每日从一个疲惫的老人化为活泼的精灵。

　　说到底，这就是卡萨尔斯成功地开发了埋藏在内心深处的潜力，使他产生了巨大的力量，从而激发了每一个神经，使他进入了一个良好的生活状态之中。

　　所以说，潜能正是由于受到了外界的刺激，才使我们能敏锐地感应到周围的变化，才使自己的能量释放出来。一个人的才能一般源于天赋，而天赋又不会轻意地改变。但是，多数人深藏潜伏的志气和才干须借外界事物予以发挥。激发的志气如果能不断加以关注和培养，就会发扬光大，否则就会萎缩消失。因此，如果不能把人的天赋与才能激发、保持以致发扬光大，那么其潜能就会逐渐退化，最后失去它的力量。如果潜能一旦被唤醒，仍需要不断地教育和鼓励，诚如有音乐、艺术天赋的人必须注意培养和坚持一样。否则，潜能和才能，会像鲜花一样，容易枯萎或凋零。

　　假使我们有潜能而不想去实现它，那么我们的潜能将不能保持一种锐利而坚定的状态，我们的天赋也将变得迟钝而失去能力。所以在这里我不妨把爱默生曾经说过的一句话告诉大家，这句话就是："我最需要的是一种能够使我尽我所能的人。"

成功青睐乐观的人

　　一个演说家说过："乐观是什么？乐观就是转换心情，走出不快，并寄希望于明天，尽全力在今天！"有人还说："如果换个心境，就一定会走出困境。"但那些悲观的人，总会在机会中看到苦难，乐观的人却总能在困难中发现良机。

　　哈佛大学心理学博士丹尼尔·高曼曾说过："越艰难的工作，就越需要对事物乐观思考的方式，乐观是最有效的工作策略。"

　　对于我们大多数人来说，当自己的工作一帆风顺的时候，心里往往感到比较惬意，做什么事情也都表现得很积极乐观。而一旦自己的工作和生活陷入困境，苦苦挣扎难以突破时，立刻就悲哀起来，再也不肯向前迈进半步，欢乐和成功便与自己无缘了。

在香港举行的一次成功论坛上，亚洲首富李嘉诚认为：应该把苦难看成是上天对自己的考验，积极进取，凡事都要乐观面对，乐观是脱离失败的唯一的灵丹妙药。他还说："我们做生意、创业务的时候，就要屡败屡战，愈挫愈勇。或许顾客'移情别恋'了，资金紧张了，迁移或关门大吉了等等。面对这些的时候，我们必须懂得乐观相对，以坚强作基，勇敢地从谷底爬上来。"

痛苦的人之所以痛苦，是因为他们老是惦记着痛苦。本来身上就有了一种不幸，何必再以精神的苦痛来给自己施加压力呢？有位哲人说："只有善于忘却困境的人，才能渐入佳境。"看那些在世界上最拔尖的人物，哪一个不是将挫折抛之脑后，然后拼搏不止，满怀信心地向成功的顶峰攀登的模范啊。

对于乐观者来说，挫折和苦难是上帝赐予他们的最珍贵的礼物。同样是困境，乐观的人看到满天星斗，悲观的人见到满地污泥。路是人走出来的，好像在原始森林中，没有一条道不是披荆斩棘得来的。天无绝人之路，只要你凭着乐观必胜的精神，肯于思考和寻找，就一定会成功的。

人生平坦的天然大道少之又少，重走别人走过的平坦之路也不会有大的创新和发展。所以当我们在开拓自己的道路的时候，要有乐观的性格，要有与困境做斗争的信心和决心，这样才有可能逢凶化吉，转危为安。

当人生处于不景气的时候，悲观的人选择埋怨，乐观的人选择努力创造；悲观的人等待机会，听凭命运的摆布，乐观的人积极主动创造机会，积极杀出一条血路。

克里米亚战争中，有一枚炮弹击中一个城堡后，炸毁了一座美丽的花园。可就在炮弹爆开的弹坑里，源源不断地流出泉水来，后来这里成了一个著名的喷泉景点。不幸和苦难，如同那颗炮弹一样将我们的心灵炸破，而那被炸开的缝隙里，也许就可以流出奋斗的泉水来。很多人总是走到丧失一切、走投无路的地步之时才发现自己的力量，灾祸的折磨有时反而会使人发掘出真正的自我。困难与挫折，就像锤子和凿子，能把生命雕琢得更加美丽动人。一个著名的科学家曾说过，困难总可以使他有新的发现。

失败往往有唤醒睡狮、激发人潜能的力量，引导人走上成功的道路。勇敢的人，总可以转逆为顺，如同河蚌能将沙粒包裹成珍珠一样。

　　一旦雏鹰学会了起飞，老鹰便立即将它们逐出鹰巢，让它们在空中接受飞翔的锻炼。也正是由于有了这种锻炼，成就了本领，雏鹰才能成长为百鸟之王，才会凶猛敏捷，才成为了追捕猎物的高手。

　　那些在幼年常经受挫折的孩子，日后往往有大的发展；那些从小一帆风顺的人，反而难有出息。斯潘琴说："许多人的生命之所以伟大，是因为他们承受了巨大的苦难。"杰出的才干往往是从苦难的烈焰中冶炼出来的，从苦难的坚石上磨砺出来的。

　　世界上有成千上万的人没受过苦难的磨炼，无法激发本身的潜能，因而无法淋漓尽致地发挥自己的才能。只有努力奋斗的人才能获得成功。

　　苦难与挫折并不总是我们的仇人，某种意义上，它们带给我们恩惠。因为我们每个人都有逆反的心理，这种逆反心理可以在人体内发展成为巨大的反抗力量。而苦难与挫折的出现，能激发我们的逆反心理，产生克服障碍，战胜困难的巨大力量。这就好像森林里的橡树，经过千百次风吹雨打，不但没有折毁，反而愈见挺拔。苦难正是暴风雨，它使我们遭受痛苦，同时也激发我们的才能，使我们得到锻炼。

　　真正勇敢的人，环境愈是恶劣，反而愈加奋勇，不战栗不退缩，意志坚定，昂首阔步；他敢于正视困难，嘲笑厄运；贫困不足以损他分毫，反而只会增强他的意志、力量和决心，使他成为杰出的人。对于勇者，不幸的命运无法阻挡他前进的步伐。苦难不是长久的，强者才可以永远存在。

　　犹太人有史以来就一再受到异族的压迫，可正是这个苦难的民族贡献了世界上最可贵的诗歌、最明智的箴言、最动听的音乐。似乎对于犹太人而言，正是压迫造就了他们的繁荣。直到现在犹太人仍然很富有，不少国家的经济命脉几乎就掌握在犹太人手中。

　　总之，我们要学会判断自己究竟是不是一个乐观的人，如果不是，我们应当采取哪些有效的方式方法使自己变得乐观。因为我们能从乐观的幻想和憧憬中汲取力量，使不利局面向着有利转变，使我们一直向前走，在逆境中不断克服并超越，使前途永远有希望。

成功就是每天进步一点点

在翻阅马林老师的《再努力一点》这本书时，我内心非常的不平静，所以我用手机给他发了一条短信："我们要追寻梦想，信仰梦想，更要激励自己为实现梦想搏击。每个人都应该具有奋发向上的志向，因为志向就像指南针，它指引我们走上光明之路。"

后来，马林老师也同样给我回了短信："我们的人生就是努力追求成功的人生。我们如何才能成功呢？如果用一句话来概括就是我们每天进步一点点，就是要帮助更多人成功，创造出更多的财富。如果一个人能够每天比别人多做一点点，日积月累，他就会比别人取得更大的成就。看看那些成功的精英者们，他们往往就是靠每天比别人多做一点点而取得成功的。"

当然，在我们所走的人生旅途上，适意总是多于不适意。在遭遇挫折时，我们不需要辩解什么，而是要对大家说，成功是什么？从某种意义上讲，就是靠我们每天进步一点点来实现的。

有个故事讲的是一只新组装好的小钟放在了两只旧钟当中。两只旧钟"嘀嗒""嘀嗒"一分一秒地摆着。其中一只旧钟对小钟说："来吧，你也该工作了。可是我有点担心，当你走完三千二百万次后，恐怕便吃不消了。"

"天啊！三千二百万次。"小钟非常地吃惊，"要我做这么大的事？办不到，办不到。"

另一只旧钟说："别听他胡说八道。不用害怕，你只要每秒嘀嗒摆一下就行了。"

"天下哪有这样简单的事。"小钟将信将疑，"如果这样，我就试试吧。"

小钟很轻松地每秒"嘀嗒"摆一下，不知不觉中，一年过去了，它摆了三千二百万次。

看了这个故事，我们有什么感受呢？这就是告诉我们，世上的万事万物都是这样，成功看起来似乎远在天边遥不可及，倦怠和不自信让我们怀疑自己的能力，放弃努力。尽管人们对待问题的看法是有局限的，我们只有从内部去观察才能看清事物实际的本质。有些工作只从表象看似乎索然无味，只有深入进去，才可能感受到其真正意义。所以，不管是否幸运，每个人都应该从工作本身去理解它，将工作看作是生命的权利和荣誉，只有这样，才会让你保持独立个性。

另外，从这个故事我们还得到另一个启示，就是任何一项工作都值得我们去做。不要轻视我们所从事的每一项工作，即便是最不起眼的事，也应该尽职尽责、全力以赴地去完成。小事情顺利完成，有利于我们对重大事物的成功把握。一步一个脚印地努力向前，便不会轻易失败。

一个人的人生理想总是贯穿于他的整个生命，我们在做事时所表现的姿态，往往把我们和身边的人区别开来。我们对工作的态度，有可能使我们的思路更宽广，也有可能使我们变得更为狭隘；有可能使我们所从事的职业变得更为高尚，也有可能使我们所从事的事业变得更为低俗。

因此，我们不必想以后的事，一年甚至一月之后的事，只要想着今天我要做些什么，明天我该做些什么，然后努力去完成，就像那只钟一样，每秒"嘀嗒"一下，就可以创造奇迹。毕竟我们做事的本身并不可以说明它自身的性质，而是由我们做事的精神状态决定的。工作是否乏味无聊，往往和我们做事时的心情状态有关。

假如只从他人的角度来看待我们的职业，抑或仅用世俗的标准来衡量我们的职业，我们的劳动也许就会毫无生机可言，就会是单调乏味的，似乎看不到任何意义，没有一点吸引力和价值可言。这就如同人们从外面观察一个大教堂的窗户。大教堂的窗子上落满了灰尘，灰暗无光，光华不在，只剩下乏味和败落的景象。但是，只要跨过门槛，走进教堂里，立刻可以发现精美绚丽的颜色、清晰的线条。阳光通过玻璃在闪烁跳跃，造就了一幅幅美丽的图画。

当然，在我们每天多努力一点点的过程中，我们也并不是漫无目的地去做，这就需要我们发挥想象，去构建自己理想的人生蓝图。到此时，我们不妨闭上眼睛想想看，我们在10年以后将会是什么样子？换言之，就是我们积累了多少财富？自己拥有了多大的权力？自己的生活水准达到了什么样的标准？我们与什么样的人在一起共事？我们的社会地位怎样？等等。

如何实现这些设想呢？这都是通过我们每天进步一点点获得的。如果你不相信自己，不妨试想一下闻名世界的美国科罗拉多大峡谷平均深1.6公里，宽约6~25公里，长约349公里，没去过那里的人们难以想象它是怎样形成的。这是由一条静静地如游丝般的河造就的。600万年前，科罗拉多河第一次流过，那时的科罗拉多还是高原。然而在这条丝带般河流的冲蚀下，一百多万年前，已经出现了一个深15米的科罗拉多峡谷，但那时，它最多也只能算一条深沟。又过了许多年，还是那条河，却已经成为举世闻名的科罗拉多大峡谷了。

　　这说明了什么？一条静静的河能够造就一条深1.6公里的大峡谷，这也是靠它每天努力去冲掉一些泥沙所形成的，就这样，经过一百多万年的积累，终于让我们看到了一个大自然鬼斧神工的杰作。

　　所以说，每天多做一点，这样干的目的并不是想得到更多的报酬，但是，通过你的付出，你通常可以得到很多想象不到的财富。你给予的越多，收获的也就越多，这是一条永恒的自然规律。

第七章

相信自己

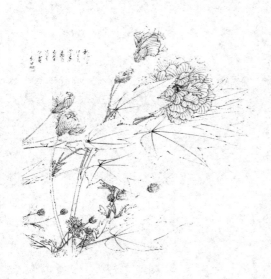

先做成功者，然后成功

成功需要多种能力、品质和资源，不过，首要的一条是必须先做一个成功者，然后才会不断地走向成功。

在企业界有很多的成功者，他们在开始创业的时候都非常的辛苦，但是，当他们达到一定的成功时，他们发展的步伐就非常轻松。

哈维是一个孜孜以求的人。他在发表《血液循环论》之前，花了八年多的时间进行调查、研究。他反复验证实验，直到万无一失，才将他的观点公之于众。他出版了一本普通的小册子，内容详尽确凿，观点掷地有声。尽管如此，批评、谩骂之声还是如潮水般涌来，如他所料。有人嘲讽他是个疯子，他不予理会。接着，人们变本加厉地攻击、侮辱他，人们指责他冒犯权威，玷污《圣经》，颠覆道德和宗教。他的学生、朋友一一离他而去，只剩下他一人独力奋战。这样的情形持续了好几年，哈维的坚持终于引起一些开明人士的反思，并且逐渐生根发芽。25年后，哈维的理论终于被公认为科学真理。

琴纳医生在创立种牛痘预防天花的理论时，遇到的阻力之大，与哈维比起来，有过之而无不及。在他之前，已有很多人亲眼看到过牛痘。有关格洛斯特郡挤奶女工中只要长了牛痘就不长天花的传言，也盛行一时。但很多人都认为这是传言，没有研究的价值，直到琴纳得知此事。当时琴纳还很年轻，正在索德贝利学习。有一次，一位乡下姑娘到琴纳老师的药铺里治病，谈话间说到了天花，引起琴纳的注意。姑娘说："我不会犯那种病，因为我长过牛痘。"这话引起琴纳的极大兴趣，他开始研究这个问题。他把种牛痘的想法讲给同行听，结果遭到嘲笑，人们威胁他说如果他再说这类荒唐的话，就把他驱赶出协会。

幸好在伦敦他跟约翰·亨特学习，并告诉他自己的想法。解剖学家的建议很独特："光想没有用，要动手去干！要有耐心，不能草率。"琴纳受到极大的鼓舞，开始认真调查研究。然后，他又回到乡下了，一边行医，一边进行观察和试验。一晃20年过去了，他始终坚持研究，毫不动摇。他给自己的儿子先后种了三次牛痘。最后，他在一本四开本近70页的册子中详细阐明了自己的观点，举出23个接种牛痘成功的例子。这已是1798年，尽管他从1775年开始研究，并早就有了基本认识。

但是，人们是如何接受这个发现的呢？首先是无人理会，然后是攻击。琴纳来到伦敦，向同行们展示接种牛痘的过程及其结果，但没有一个医生愿意尝试。徒劳地等了三个月，仍无人来试，他只好又回到自己的村子。人们指责他企图从奶牛乳头上弄来有毒物质注入人的身体。教士们称之为"魔鬼手段"，还谣传种了牛痘的小孩会长出一张牛头一样的脸，还会长出牛角，发出奶牛的叫声。尽管种牛痘遭到了人们前所未有的讥讽和反对，但偏见还是一点点消失了，相信的人渐渐多起来。医学界的同行纷纷前来取经，甚至还有人想跟琴纳争夺发明专利，夺走他的功绩。琴纳的事业终于成功了，讥讽和嘲笑变成了赞颂和吹捧，最终他得到了应有的荣誉和奖励。此时，他跟他默默无闻的时候一样谦虚、淡定。有人邀请琴纳到伦敦定居，许诺给予优厚的薪酬。对此，他回答："不，前半生我在满是羊肠小径的山谷里孤独穿行，后半生我不想盘踞荣誉和财富的峰顶。"在琴纳的有生之年，牛痘接种已经盛行整个文明世界；琴纳死后，他的功德泽被后世。居维叶曾说："如果说牛痘是这个时代的唯一发明的话，那么这个时代因此而大放光彩。但这一发明曾经连续20次遭到研究院拒绝。"

詹姆斯·夏普勒斯本来是多么卑微的一个人啊！但是他却成了英国最著名的"铁匠画家"！他非常穷，但是他坚持每天早上3点就起床，临摹他能够找到的一切材料。在工作之余，为了买一先令的涂料，他宁可步行18英里到曼彻斯特。在铁匠铺里，他自愿做最重的活儿，因为这样他就可以在铁匠铺多待一会儿，就可以在休息时借着火光看书。在时间方面，他是个十足的吝啬鬼，总是特别珍惜每一分钟。在那5年里，他全身心地投入到了那幅巨作——《锻炼》中，他的成就令人称赞，现在很多人家中都有这幅画的临摹之作。

当伽利略的父母把他送进医学院后，他怎么能够在物理和天文方面取得那么大的成就？当整个威尼斯都已经睡着了的时候，伽利略站在圣马克大教堂的塔顶，他用自己制作的望远镜发现了木星的卫星以及金星的变相。宗教裁判所让他当众下跪，要他放弃自己的异教邪说：地球绕着太阳转，但是这位70岁的虚弱老头决不低头，并且还咕哝着："它本来就是这样运行的。"后来，他被投入了监狱，但是他仍然保持了对科学探索的热情，在狭小的牢房里，他用一根稻草证明了：一根空心的管要比一根同样大小的实心棒更结实。甚至在双目失明的情况下，他仍然坚持工作、学习，可以想象，当英国皇家学会看了那个赫歇尔的报告时是多么惊奇，他是个一无所有的人，但是却发现了天王星，以及土星的光环和卫星。他是个上不起学的人，只是靠吹双簧管维持生计，但是他却用自己的双手制作了一架望远镜，并且用这架望远镜发现了很多震惊世界的天文现象，这连当时具有优良装备的天文学家都未做到。

乔治·史蒂芬森的父母共生了八个孩子，但是由于家里

很穷，所有的人都住在一间小屋里（史蒂芬森，英国铁路的
先驱，制造了第一辆实用蒸汽机车，并修建了第一条客运铁
路）。乔治替邻居放牛，但是他一有时间便用黏土做机械模
型。17岁时，他便开机车了，他父亲是锅炉工。乔治不识字，
但是机车就是他最好的老师，当其他技工在玩乐或者在酒店里
混日子的时候，乔治将他的机器拆开、认真清洗、进行研究，
他做了很多有关机车的实验，终于改进了机车，成了一个伟大
的发明家。而那些只知喝酒玩乐的人却在一旁说："他只是幸
运罢了。"

夏洛特·库什曼既没有漂亮的脸蛋，也没有迷人的身材，
但是她从小就立志做一位像罗莎琳德和奎恩·凯瑟琳那样优秀
的演员。有一次，正式演员不能上台表演了，由于夏洛特·库
什曼是她的替角，于是她便得到了登台的机会。那天晚上，她
的表演太成功了，她抓住了所有观众的心，以至于让他们都忘
记了台上的是个新手。尽管她没钱也没朋友，而且不为人知，
但是，当幕布在伦敦落下的时候，她一下子就出名了。多年以
后，当医生告诉夏洛特·库什曼她已经患上了一种可怕的绝症

时，她平静地说道："我已经习惯和困难打交道了。"

　　在南方，有一个生活在小木屋中的黑人妇女，她有三个孩子，但非常穷困，这三孩子只有一条裤子。黑人妇女非常希望这3个孩子都能受到良好的教育，所以她就让他们轮天上学。一个从北方来的老师发现，这三个孩子中每天只有一个来上学，而且他们穿的都是同样的裤子。黑人妇女尽其所能地教她的孩子，后来一个做了南部某大学的教授，另一个做了医生，还有一个做了牧师。对于那些以"没有上学机会"为借口的孩子来说，这是多么好的一个榜样啊！

　　萨姆·库纳德（一个格拉斯哥少年）用他的智慧和折叠刀发明了不少令人惊奇的东西，但是，他的发明并没有给他带来什么荣誉和金钱。直到有一天，伯恩斯和迈伊弗尔突然找到了库纳德，他们希望用他的发明改进运送国外邮件的船只设备。库纳德做的一个汽船模型帮上了大忙，库纳德航线上的第一艘船就是根据这个模型设计的，以后，这个船模便成了伯恩斯和迈伊弗尔制造船只的标准。

　　科尔内留斯·范德比尔特，美国运输促进者和投资者，从铁路运输和航运中积累了大量资金。在学校里只简单地学过新约全书和拼字课本，但是，他自己也学了一点读、写、算的东西。他非常希望买一只小船，但是没有钱。为了打消范德比尔特出海冒险的念头，他母亲告诉他："如果你能在这个月27日之前将这块地耕好并种上玉米，那么我就给你买船。"那块地有10英亩之大，是父亲农场里最难耕种的一块，他母亲原以为他根本不可能完成这个任务，但是，范德比尔特竟然在期限内干完了，而且干得非常棒。在17岁生日那天，他终于得到了梦寐以求的船，但是在他驾船回家的途中，小船撞到一艘沉船后搁浅了。

　　但是，科尔内留斯·范德比尔特并不是一个轻易言败者。他拼命工作，在三年里存了30美元。他经常通宵达旦地工作，很快就成了一个大船主。在1812年战争时期，他和政府签订合同，负责向军站运送军用物资。他在晚上运送军用物资，白天做他在纽约与布鲁克林间的渡船生意。

　　科尔内留斯·范德比尔特把白天赚到的钱都给了他的父

母，他在35岁的时候就挣到了3万美金，在他去世以后，他将一笔巨大的财产留给了他的13个孩子。

艾尔顿也是个没有上学机会的孩子，他没有钱交学费，甚至没有钱买书，但是，他有非凡的勇气和决心，他要为自己开辟一条道路。每天早上4点，洛德·艾尔顿就起床了，他把他借来的法律书籍都抄了一遍。他非常好学，有的时候一直学到自己的脑袋瓜"罢工"为止，这个时候，他就将一条湿毛巾放在脑门儿上，等清醒后继续学习。

当艾尔顿开始步入法律界时，曾有一位法律顾问对他说："年轻人，你的前程不可估量。"这位没有上过学的孩子成了英格兰的上议院大法官，并且成了那个年代最伟大的律师。

斯蒂芬·杰拉德，法国裔美国财政专家和慈善家，他建立了美国银行并为1812年的战争筹集资金，他是个没有上学机会的孩子。他在10岁的时候就离开了他的祖国——法国，来到美国，做了一名船上侍者。他雄心勃勃，为了成功不惜一切代

价。尽管如此，开始的几年是非常困难的，不过他还是挺过来
了。希腊神话中有一位迈达斯神，通晓点石成金之术，他似乎
学到了迈达斯神的本领，后来成了费城最富有的商人。他在工
作中非常努力，他为国家和社会做出了不可磨灭的贡献，他冒
着生命危险拯救那些受黄热病折磨的同胞，他的这些优良品质
都值得我们敬佩，值得我们学习。

　　从上述成功人士的身上我们可以看出，成功有倍增效应，
我们越成功，就会越自信，越自信就会使我们越容易成功，从
这种角度来说，"成功是成功之母。"

做自己忠实的信徒

　　人生在世，总有"马失前蹄"的时候，关键是要尽快振作起来！我曾犯了一个巨大的错误，但我的心态是：不管决定如何，我都要保持一定的弹性，边看效果边汲取经验，以便在未来做出更好的决定。因为我深深地知道，我自己也有做错决定的时候，我从不认为自己的决定就能滴水不漏，也不觉得在未来我就不会犯错。在这样的动力之下，我要记住的就是：成功来自良好的判断，良好的判断源于过往的经验，而经验往往来源于错误的判断。那些人生经验，当下是错误的、痛苦的，却是最宝贵的人生财富。成功时容易骄傲自满，失败时就会戒骄戒躁，从而做出更好的决定，这是人之常情。我们必须要从错误的决定中虚心学习，而不是自暴自弃，否则日后还是会重蹈覆辙。

在我奋斗的过程中，经常有人这样问我："要怎样做才能
达到你这样的成就？"我告诉他们："当你如同最虔诚的信徒
信仰上帝那样信仰你自己时，就可以克服任何横阻在你面前的
障碍了。"

我在40岁以前特别浮躁。经历过无数次的失败，最惨痛的
一次，我的事业达到了一落千丈的窘境，甚至受到过去合作者
的诬陷，一直受到警察的调查询问，当时我感觉到我们生活的
社会为什么会这么黑暗，还有没有讲理的地方，但是，最后，
我终于看明白了，在我们所生活的社会中，还是公平与正义占
据了上风，虽然这样，我的事业还是受到了严重的打击。

我对自己说："没有关系，我还会卷土重来的。就算没有
人支持我，我还有我自己这个忠诚的信徒，我会永远保持对我
自己的信赖。"

就这样，经过三年的努力奋斗，我成功地实现了我曾说过
的话。现在，我仍然相信我自己，这也是我这一生中最重要的
信念之一。

从我的发展历程来看，虽然我认为个人的亲身经历固然重
要，但若能找到榜样加以学习借鉴，其作用也是难以估量的。
榜样能帮你指出人生河流中的湍流，为你提供从容前行的地

图。这个可以是财务方面的、人际关系方面的、健康方面的、工作方面的等等。只要你有心想去学，就能少走很多冤枉路，避开危险。

在这个世界上，总有一些人认为自己生来就不能跟别人相提并论。他们不相信别人所有的幸福会为自己所有，他们甚至认为自己不配拥有。

为什么会有这种想法呢？因为他们从不相信自己能够做到。信息的缺失，使他们永远没有挺直后背。

相信自己很重要，因为它可以创造出被人称为"奇迹"的东西。

在我创办企业的过程中，我一直对自己有足够的自信，我一直非常推崇这一点。在《我们为什么还没有成功》一书中，我曾经讲过一个故事，乔治·赫伯特成功地把一把斧子卖给了小布什。为此，布鲁金斯学会把一个刻有"最伟大的推销员"的金靴子奖给了他。

从某种角度来看，这个奖并不表明乔治的推销技巧有多么高明，而是在于奖励他那坚不可摧的信心。

当所有学员都认为不可能把斧子推销给小布什总统时，乔治并没有退缩。他是这样说的："我认为，把一把斧子推销给小布什总统是完全有可能的，因为他在得克萨斯州有一座农场，那里长着许多树。于是我给他写了一封信，我在信中这样写道：有一次，我有幸参观您的农场，发现那里长着许多矢菊树，有些已经死掉，木质已变得松软。我想，您一定需要一把小斧头。但是以您现在的体质来看，这种小斧头显然太轻，因此您仍然需要一把不甚锋利的老斧头。现在我这儿正好有一把这样的斧头，它是我祖父留给我的，很适合砍伐枯树。倘若您有兴趣的话，请按这封信所留的信箱，给予回复……就这样，他就给我汇来了15美元。"

这就是乔治成功的秘诀，他并不因为有人说这一目标不能实现而放弃，也没有因为这件事情的难以办到而失去自信。

许多时候，不是因为有些事情难以做到，我们才失去自信，而是因为我们失去了自信，有些事情才显得难以办到。

完美地表现自我

人应该满足"宇宙对他人生的设计"，这是一种最高愿望。

我的路绝不是你的路。

镇定就是力量，它能够让宇宙的力量降临在自己身上。

人喜欢那些快乐的施予者，也喜欢快乐的接受者。

风无法驱我走上歧途，也无法撼动我的目标。

每个人都处在一个别人无法代替的独特位置，在这个位置上，他做着专属于自己的事情。他完美地表现着自我——这就是他的目标！我们应当认识到想象力的创造性，然后在其出现之前做好准备。

可是，人还是难以认识自己，尽管他身上或许藏有巨大的天赋。

完美的计划能够带来完美的快乐，因为它是健康、财富、爱和完美的自我表现的组成。人一旦许下愿望，他的人生就会发生翻天覆地的变化，因为宇宙的神圣设计与人平素的行为有着天壤之别。

有一个女人，她曾遭受巨大创伤，但她迅速调整，很快就恢复了过来，并迎来了焕然一新的完美状态。

当然，一个女人完美的自我表现，并不是非得有事业上的巨大成就，她也可以是一个完美的妻子、完美的母亲或完美的家庭主妇。

只要你满怀兴趣，你就会像演戏一样轻松地达到完美的自我表现，而不需要耗损过多的精力，其物质源泉也将尽由你掌握。

很多天才都曾长期潦倒，但只要他展现自己的信仰，坚定地说出那句话，他就再不会缺乏物质来源。

一天刚下课，一个人便向我走来，给了我一分钱。

他说："我现在只有七分钱，现在我给你一分钱，因为我坚信你说的话具有无穷的力量。我乞求你送我一句话，使我拥有完美的自我表现和丰富的物质财富。"

我送了他一句话。自此以后，我们有一年都没有见面。一天，他突然找到我，满带着喜悦和成就之感。他给了我一大叠钱，并说："得到你的话后，我去了一个遥远的城市，在那里找到了一份工作。现在，我不仅身体健康、心情舒畅，而且还很有钱。"

在圣哲的指引之下，你将轻易地踏上成功的道路。

人不能只在思想上描绘美丽的蓝图，而要毫不动摇地把握机遇，坚定地付诸实施。

"你的敌人就在你的家里。"凡俗的思想如臃肿的巨人，信仰则是坚硬的石头，当我们发起针对凡俗思想的战争时，我们每个人都是约瑟王，都是大卫，我们能用石头杀死巨人。

人不能埋没自己的天赋，不能做"邪恶与懒惰的奴隶"，因为人若不使用自己的才能，将会遭到严厉的惩罚。

恐惧感会阻碍人完美地表现自我，很多天才都是因为怯场而惨遭埋没。加强语言表达，再进行适当治疗，你就可以克服怯场的心理。因此，人们有必要抛弃自我意识，把自己看作是宇宙智慧的一部分。

这样，人们就会感到心中的主人在发挥作用，从而有了直接的灵感，变得无所畏惧、信心百倍。

一个男孩总是在母亲的陪同下来到我的课堂，他请我为他将要参加的考试说些什么。

我要他这样对自己说："我与万能的宇宙的智慧相随，我对这一科目的知识有足够的了解。"他的历史很棒，数学却差强人意。考试之后，我见到了他，他说："数学考试前，我念了你给我的'咒语'，所以考得特别好；可是，我以之为骄傲的历史，却考得出乎意料地差。"当人自信过度的时候，人就会倒退，那是因为自信过度就等于高估自己，从而失去对自己言行的理性控制。

我的另一个学生以她的亲身经历举了例子。一个夏天，她进行了一次长途旅行。她到了很多国家，因对那里的语言一无所知，因此她格外小心谨慎，总是请求别人的帮助和保护，这让她的旅途非常顺利，到哪儿都能住最好的旅馆、受最好的服务。但当她回到纽约，回到了自己熟悉的环境，她便迅速松懈下来，认为自己完全有能力胜任一切事务。可是，她的生活反而变得糟糕，做什么事情都不顺利。

所以，我们应该形成每时每刻都认真对待每一件事的习惯，"用尽一切办法认识宇宙"。没有什么事情渺小如尘，也没有什么事情伟大无边。有时，一件微不足道的小事也可能成为人生的伟大转折点。

罗伯特·富尔顿看到锅里的开水，就发明了汽船。

曾经有个学生表现欠佳，对任何事情都怀有一种抵抗的情绪。他把自己的信仰限定在一个方向，完全根据自己的欲望行事，反而使事情没有进展。

智慧的先知说道："我的路绝不是你的路。"同宇宙中所有的力量一样，蒸汽或电力必须有一个发动机或其他装置才能工作，而人就是这个发动机或装置。

人们总被告诫："站着别动！""噢，犹大，不要畏惧，勇敢地反击吧！你可以不打这场仗，调整心态，稳住别动。"

你必须镇定，因为镇定就是力量，它能够让宇宙的力量降临身上，使自己的愿望得到实现、兴趣得到满足。

唯有镇定，我们才能思维清醒，抓住任何机会，迅速而正确地作出决策。

愤怒是所有疾病的根源，因为它会遮挡视线、毒化血液，还会妨碍我们做出正确的决策，导致我们的失败。

愤怒的害处如此之大，所以它是最恶毒的"罪过"。你学习之后就会知道，从形而上的角度讲，罪过有更加宽泛的定义。"信仰不在的地方都有罪过。"

人们的恐惧和担心是颠倒了的信仰，它们通过扭曲的思维形象，肆意纵容自己所恐惧的事物，因此，它们是致命的罪恶。而人们则要把这些敌人赶出潜意识。"人无畏，则无敌"。

　　前面我们提到，人必须直面恐惧，才能战胜恐惧。当约瑟王和他的部队同敌人交战时，他们发现，敌人竟然自动溃退了，他们根本没有再继续战斗的必要了。

　　一个女人请她的朋友给另一个朋友传话。她的朋友本不愿意，因为她的理性思维在说："别卷进这样的事情里，别去传话。"但她的精神却十分困惑，糊里糊涂地答应了人家。她决定直面困难，寻求圣哲的保佑。她找到她要传话的对象，正准备开口，对方却说："事情已经办妥了。"她自然没有再传话的必要了。由于她的主动，当她直面恐惧的时候，恐惧却自动退缩了。

　　我的一个很需要钱的学生问我："为什么我会没钱呢？"

　　我回答说："也许你有做事虎头蛇尾的习惯，这种习惯可能根植于你的潜意识中。"

　　她说："是呀。我总是不能坚持到最后。我必须回家，去把几星期前就开始的事情做完，这样或许将代表着我人生的转折。"

　　她一改以前的坏毛病，开始发愤图强。很快，她就奇异地得到了她需要的钱。

　　她丈夫的老板多付了他一次工资，她把这件事告诉了其他人，其他人则劝她不要讲出去。

　　当一个人希望得到并坚信自己能够得到时，他肯定就会得到。

　　有人会问我："假如一个人有多种天赋，他该如何抉择？"

　　我明确地说："请向我展示一下完美的自我表现吧，让我看一看，你适合发展哪种天赋。"

　　有些人没有经过培训，就去从事某种暂时的工作。所以，要这样说，"我有宇宙为我设计的神圣计划在身"，并且要勇敢地把握机会。

　　很多人都乐于给予，但却不懂得如何接受。他们过于高傲的眼皮挡住了自己的视线，从而失去了本该属于自己的所得。譬如，一个女人经常施舍钱财，但却拒绝接受价值几千美元的礼物。她自以为自己很富足，并不需要施舍。但是她不幸欠下了一笔外债，而债务的金额恰好等于她拒绝接受的礼物的价值。所以，无论在何种情况下，我们都应勇于接受属于自己的礼物。我们不仅要自由地施与，还要自由地索取。

　　施与与索取是一对平衡的杠杆，虽然在施与时我们不必要想到索取，可拒绝接受难道不是对法则的违背吗？

　　施与者永远不该有贫穷的意念。

比方说，当前面提到的那个人给我一分钱时，我并没有感觉到：他贫穷，应该节约；相反，我看到他拥有源源不断的物质，不断地通向财富之路。这是一种美好的想法。如果一个人不善于接受那就必须试着学会：当有人施与他东西时，他务必欣然领取。

人们喜欢那些快乐的施与者，也喜欢快乐的接受者。

总有人问我："为何有人生下来就富裕且健康，而另有一些人却贫穷且多病呢？"

我说，一切结果都是原因的导致，没有无缘无故的事情。

人的欲望如果没有满足，他就会不停地奋斗，并由此完成自己的任务，实现自己的目标。

那些生来就富裕且健康的人，其潜意识想的就是富裕与健康；而贫穷且多病者的潜意识中也只有贫穷与疾病。人们所实现的只不过是自己潜意识的信仰。

生与死都是人类制定的规则，因为"罪恶必致死亡"。亚当因信仰两种力量而致死。真正的人，在精神上是没有生死概念的。他从未出生，也永不死亡。"他永远都在起跑线上，现在如此，将来依然如此。"

人把宇宙对他人生的神圣设计付诸实施，便能够"完成自己的任务"，获得自由，达到对真理的认识，从而摆脱因果报应、罪恶、死亡等法则的束缚。

正确地暗示自己

　　用一种正确的方式说出自己的愿望至关重要。

　　坚持持久的信念，是在潜意识里建立一种信念！

　　上帝只为那些停下来并等待它的人服务。

　　"当你宣扬某件事情的时候，这件事情也会反作用在你身上。"

　　所有人类生活中伟大而美好的事物早已存在于神奇的宇宙中，它们经过人类的思想认知，被人类的语言宣扬施行。因此我们要切记，那些漫不经心的语言、失败，甚至挫折，都是圣哲宣扬的神圣又伟大的思想表现。

　　正如我们前面所说的那样，用一种正确的方式说出自己的愿望至关重要。

　　如果一个人希望得到的东西是家庭、朋友、地位等美好的事物，那就依照这种美好的事物说出要求。

伟大的圣哲以一种完美而优雅的方式，向我们展示了一条通往家庭温馨、朋友友爱和崇高地位的道路，我将对此表达我深深的感谢。这段话的前半部分是关键。

有个妇女希望得到1000美元，后来她因女儿的受伤补偿得到了1000美元。这就是一种不太完美的实现愿望的方式。

随着人们对金钱的认识日渐深刻，他们在渴求自己应得到的大笔钱财的同时，也渴求这个得到的过程完美而优雅。

用超过自己的能力去施与，这是不现实的。因为人们的潜意识中存在着对期望值的限制。想要实现得到的过程完美而优雅，人们首先要提高内心的期望值。

期望值总是给人们有限的限制。例如，我的一个学生期望在某一天得到600美元，后来他也得到了这600美元。最后他才知道，他原本能得到1000美元，但由于他的愿望仅有600美元，所以他只能得到他所期望的600美元。

"财富"是一个意识形态上的问题。法国人的一个传说有力佐证了这一观点。

贫穷者行走在路上时遇到一个旅行者，旅行者告诉他："亲爱的朋友，为了帮助你脱离贫困，给你这个金块吧，卖掉它，你将富足一生。"

得到意外之财的贫穷者十分高兴，他把金块带回家，随后就找到工作有了收入，日子一天一天好起来，于是他并没有卖掉金块。多年以后，他成为了一个非常富有的人。

有天他在路上遇到一个穷人，想起自己的经历，他像当年的旅行者一样对穷人说："亲爱的朋友，为了帮助你脱离贫困，给你这个金块吧，卖掉它，你将富足一生。"穷人接受了他的金块，立刻找人对这个金块估价，最后发现那不过是个不值钱的铜块而已。

这个故事告诉我们：只有相信铜块是金块的人，也就是从主观上感觉自己富有的人，才会真正变得富有。

每个人的内心都藏着一块金块，那就是对金钱和财富的认知，这种认知的程度决定了他的生活是否富有。假如在提出要求的同时就宣布自己已经得到，那么你的人生路注定会成功。

坚持持久的信念，是在潜意识里建立一种信心。一个人只有拥有完美的信仰，才没必要进行多次确信，也没必要进行祈祷和恳求，他只需要对所得表示感谢。

"荒漠将变成欢腾的海洋，绽放出娇艳如玫瑰的花朵。"

这种将荒漠变成欢腾海洋的认知状态，将施与的大门打开。

这一理论从字面上看来很简单，但在实际生活中会困难很多。

有个女人必须在特定的时间展示给某人看自己有足够的钱。她知道她得做点什么来展示这个愿望，于是她开始行动。

她在商场里发现了一把粉红陶瓷剪纸刀，她强烈地想要得到这把剪刀，她想："我需要用它来剪开装有巨额支票的信封。"她果断地买下了这把剪纸刀，虽然理性思维在告诉她这是奢侈的行为。当她将这把刀拿在手上时，她的头脑里立刻勾画出用刀打开装有支票信封的情景。几周后她如愿以偿，而这把剪纸刀不过是她积极信念的一座桥梁而已。

关于信念支持下的潜意识力量，还有很多例子。

一个人在关上了窗的农舍里过夜，午夜时分他觉得很闷，于是迷迷糊糊走向窗户，试图开窗却发现没办法打开，于是他只能用拳头砸碎窗格。清新的空气迎面而来，他睡得很好。到第二天早上他发现窗户毫无破损，自己打碎的是书架上的玻璃。那些清新的空气是他通过自己的想象感觉到的。

当你开始展示的时候，你就不应该再有别的念头。

我的一个学生有以下精彩的话："当我祈求得到时，我会双膝下跪说：我获得的东西会比我要求的更多！”所以永远也别妥协，“做完你应该做的，然后站着别动。”这是奋斗的最困难时期，诱惑来到你身边，稍有不慎就会放弃、回头和妥协。

“上帝只为那些停下来，并等待它的人服务。”

展示来临的时刻，人们不再进行理性的思维，会放松自我，圣哲才能有机会发挥自己的作用。

人类单调的期望会被一种单调的方式回报。一旦他缺少对期望的耐心，就会停滞不前或者以残酷的方式得到满足。

比如，有个女人问我为什么她总是弄丢或打碎自己的眼镜。我发现她经常苦恼地对自己或别人说这样的话：“我真希望能够扔掉我的眼镜。”她因为缺少耐心的期望，而得到了一种以残酷的方式得到的满足。她本来可以期望得到良好的视力，可她却在潜意识里牢牢希望扔掉自己的眼镜。这就是她的眼镜经常打碎或者丢失的原因。

损失是由两种态度导致的：一种是轻视，就像那个不喜欢自己丈夫的女人；另一种是恐惧失去，这种人总在自己的潜意识中勾画失去某种东西的图景。

如果你能抛开负担给你造成的困扰，你就会立刻展现出来。

比如，有个女人在暴风雨的天气里出门，风吹坏了她的伞，她可以选择在别人的帮助下离开，但却不想被别人看到她拿着破伞落魄的样子；她也可以选择把伞扔掉，可伞却不是她自己的。绝望之中的她祈求："上帝呀，将这把伞交由你管理吧！"

不一会儿，有个声音在她身后响起："需要修伞吗，小姐？"一位修伞匠站在她身后。

她回答道："我正需要。"于是，修伞匠帮她修好了伞。

这个故事让我们知道，只要我们把代表着所有问题的伞交给宇宙，在我们前行的路上随时会有一位修伞匠站在身后。

否定的背后就是肯定。有天夜里，有人邀请我去为一个病得非常严重的陌生人服务，我拒绝了。我说："我的拒绝是因为，在他如此病重的情况下，我的行为无法深刻留在他的脑海里，他的思维也无法清醒地接受指引。"

神圣的思想里既没有时间也没有空间，我们说的话可以传达到任何地方而没有回音。我曾在欧洲治疗病人，结果有立竿见影的效果。

常有人问我，什么是形象与眼界之间的区别？形象是一个受思维与意识控制的思想过程；而眼界则是一个受直觉或超意识控制的精神过程。我们要做的就是接受灵感的火花，通过确定的引导，锻炼自己的思想，从而描画出"神圣的图景"。当你说出"我的愿望与圣哲的期望是一致的"时，你错误的愿望就会从意识中消失，取而代之的是由圣哲设计的新蓝图。这幅蓝图能超越人的理性思维，包含了健康、财富、爱和完美的自我表现。

很多人原本能盖座宫殿，却总在思想中期望一所民宅。

你只应该通过直觉和确定的引导去表现，假如你想要通过理性思维来展示和表现，就会停滞不前。

一位学生为了偿还一笔非常重要的债务，希望在第二天得到100美元。她的老师对她说了这样的话："永远也不会晚"，宣称钱就会马上到来的。

当天晚上她在电话里把奇迹告诉了老师，她说她突然想要去看看自己在银行的保险箱中的相关文件，结果却发现在保险箱底部有一张百元钞票。她曾多次查看过这些文件，却从来没注意到这里有张钞票，这就像是梦境成真了一样。

将来的人类会达到这样一种境界：能把语言变成实物或是立刻让语言具体化，例如只要说出"以上帝的名义"这样的话，就能治愈很多疾病。

人们应该创造一种艺术，即思维的艺术。耶稣是一位思想者，也是一位艺术家，他在思维的画布上描绘出了神圣的图画。他用坚信的力量和决心轻松地完成这些艺术画作，没有任何力量能抹杀掉这些画作的完美，最后他还要将这些画作变成生活中的现实。

通过正确的思维，人类被赋予了所有的力量，以便将属于自己的土地变为天堂，这就是生命的最终目标。

实现这个目标的法则就是无畏的信仰、和平以及爱！